谨以此书感谢我的四个孩子:语渊、语林、语冰和语京,你们来到这世上,成为我的孩子,给了我无数的快乐和爱。

心理营养是给自己、给孩子、
给家人以及给其他生命的终极关怀。

心理营养 实践版
林文采博士的亲子教育课

【马来西亚】林文采◎著

版权登记号：图字 01-2021-1337 号
图书在版编目（CIP）数据

心理营养实践版：林文采博士的亲子教育课 /（马来）林文采著． — 北京：当代世界出版社，2021.4
ISBN 978-7-5090-1575-9

Ⅰ．①心… Ⅱ．①林… Ⅲ．①儿童心理学 Ⅳ．① B844.1

中国版本图书馆 CIP 数据核字（2020）第 245568 号

心理营养实践版：林文采博士的亲子教育课

作　　者：	［马来西亚］林文采
出版发行：	当代世界出版社
地　　址：	北京市东城区地安门东大街 70-9 号
网　　址：	http://www.worldpress.org.cn
编务电话：	（010）83907528
发行电话：	（010）83908410（传真）
	13601274970
	18611107149
	13521909533
经　　销：	全国新华书店
印　　刷：	北京楠萍印刷有限公司
开　　本：	880 毫米 ×1230 毫米　1/32
印　　张：	10.25
字　　数：	188 千字
版　　次：	2021 年 4 月第 1 版
印　　次：	2021 年 4 月第 1 次
书　　号：	ISBN 978-7-5090-1575-9
定　　价：	58.00 元

如发现印装质量问题，请与承印厂联系调换。
版权所有，翻版必究，未经许可，不得转载！

目 录

* **导读：心理营养的主要内容**……………… 陈抒云 001
  解读人的天性、全面认识心理营养、爱的能力、联结的能力、价值感、独立自主、安全感、无条件接纳、生命至重、肯定赞美认同、模范、三个不做、只做一个

* **用心理营养改变被溺爱的孩子**…………… 王 鹏 016
  胆小、脾气大、脆弱、哭闹、没规矩、自理能力差、陪伴、夫妻同心、母亲极度焦虑、父亲休长假在家养育儿子
  林文采老师点评……………………………… 023

* **孤独症孩子的治疗案例**………………… 冯丽平 025
  孤独症谱系障碍、自闭、只会说单音字、走路不稳、抱妈妈鞋子睡觉、不愿互动、重新养育、给予关爱和鼓励、培养安全感、爷爷有精神病史
  林文采老师点评……………………………… 029

* **青春叛逆期**…………………………… 张 谡 033
  愤怒、叛逆、重视倾听、无条件接纳、允许犯错、以身示范
  林文采老师点评……………………………… 039

✳ 七年，用心理营养养育自己和孩子……… 梁海燕　041
　　夫妻矛盾、孩子胆小、拘谨、被欺负、情绪管理、全职教育孩子、五朵金花的绽放
　　林文采老师点评……………………………………… 050

✳ 胆怯孩子的成长………………………… 兰　心　053
　　害羞、胆小、自卑、敏感、被欺负不敢反抗、父母期望值高、母亲焦虑、个人成长课、全职陪伴、无条件接纳、心理营养的实践
　　林文采老师点评……………………………………… 066

✳ 有趣的心理营养宝宝…………………… 张兆凤　069
　　最初的母子分离、月嫂的职责、母乳喂养的取舍、安全空间的营造、允许孩子哭、一定的"武力"、适当的满足
　　林文采老师点评……………………………………… 077

✳ 育儿先育己……………………………… 黄友英　080
　　母亲暴躁、母子冲突、探析根源、情绪管理、接纳他人的有限、夫妻关系的调剂、一致性沟通
　　林文采老师点评……………………………………… 093

✳ 产后抑郁的妈妈………………………… 崔程程　095
　　缺乏安全感、拒绝上幼儿园、产后抑郁、情绪失控、父母失和、接纳的力量、情绪管理、彼此顾念
　　林文采老师点评……………………………………… 105

✼ 培养独立自主的孩子……………………… 程志娟　107
　让孩子宣泄不良情绪、重视是高质量的陪伴、允许孩子做力所能及的事情、及时赞美、扔掉垃圾情绪
　林文采老师点评……………………………………… 112

✼ 单亲爸爸如何养育孩子…………………… 杨剑波　114
　父母离异、父亲暴躁、打骂教育、做孩子的"重要他人"、向孩子示弱、改善与前妻的关系、陪孩子游戏、真诚表扬
　林文采老师点评……………………………………… 126

✼ 我们并不是完美的父母…………………… 胡蓉芳　128
　产后抑郁、女儿脆弱敏感、母女关系紧张、赞扬要落实到品质上、学会说"恭喜你"、询问并尊重孩子的意愿、学会诚实
　林文采老师点评……………………………………… 139

✼ 心理营养可治百病………………………… 赵　焱　141
　啃手指、胆小、拒绝上幼儿园、无条件接纳、和孩子玩游戏、坚持"三个不做、只做一个"
　林文采老师点评……………………………………… 148

✼ 从问题儿童到好学生的逆袭之路………… 陈结珍　150
　胆小怕事、容易哭闹、爱发脾气、不合群、注意力不集中、父母"心理营养"的补充、注意人格类型的优缺点
　林文采老师点评……………………………………… 158

✸ 妈妈，我只是个普通孩子……………… 李爱霞　160
　　母亲期许过高、孩子焦虑、成绩下滑、厌学、注重孩子的感受、尊重孩子的选择、接纳孩子的平凡
　　林文采老师点评　167

✸ 放孩子一马，放自己一马……………… 李　凯　169
　　强迫孩子吃水果、高标准控制孩子、认清自己的问题、一致性沟通、划定界限、无条件接纳
　　林文采老师点评　175

✸ 遇见最美好的自己……………… 余　瑜　178
　　妈妈焦虑、心理营养实践"碰壁"、成人也需要心理营养、做一个柔软而温和的女人
　　林文采老师点评　187

✸ 摆脱原生家庭的束缚……………… 赖建煌　190
　　从小缺乏母爱、内心不安、情绪化、争强好胜、反省自己、补充心理营养、实践效果
　　林文采老师点评　199

✸ 离婚后如何养育孩子……………… 王玟之　202
　　离婚的压力、用严苛的标准要求孩子、情绪勒索、一致性沟通、孩子犯错后的做法
　　林文采老师点评　212

牛牛的养育过程 ············· 莎 莎　214
孩子自闭、婚姻危机、用绘画舒缓情绪、建立安全感、艰难的疗愈过程
林文采老师点评 ············· 219

后妈和继女——天生气质养育法 ············· 卢敏利　222
与继女矛盾冲突、夫妻不和、女儿缺乏安全感、夫妻共同补充心理营养、为继女煲汤、临睡前的约定、忧郁型孩子的养育
林文采老师点评 ············· 233

水水变形记 ············· 段嘉宣（11岁）　242
哪吒一样的男孩、父母离婚、父亲的暴力威胁、妈妈的改变、离婚的父母可以做些什么、学生也能实践心理营养
林文采老师点评 ············· 247

轻微自闭症的孩子 ············· 杨秋溶　249
女儿轻微自闭、容易焦虑烦躁、笨拙懒散、被人反感排斥、家庭不和睦、母亲补充心理营养的实践、背包旅游的收获
林文采老师点评 ············· 259

关系在前，肯定在后 ············· 余 欢　261
照顾两个孩子、社会性的教育焦虑、爱的抱抱、真心欣赏孩子、尽量陪伴孩子、理解和宽容
林文采老师点评 ············· 270

* **都是我儿子干的**……………………………… 王　炜　273
  孩子情绪化、工作界限不清而受干扰、尊重孩子的选择、感谢孩子的帮助、划清界限
  林文采老师点评………………………………………… 280

* **我只是渴望被看到**…………………………… 武　静　282
  令人头疼的班级、讲义气的孩子、孩子们的"贪心"、想做好和能做好之间的距离、老师是学生的养料、90句赞美孩子的话
  林文采老师点评………………………………………… 288

* **幼教的实践记录**……………………………… 戴佳琦　295
  不遵守规则、刻意搞怪、极度缺乏安全感、总尿裤子、设置安静区域、不打不骂、不讲道理、不走开
  林文采老师点评………………………………………… 303

* **第二个春天**…………………………………… 莫其妙　305
  愤怒的母亲、对抗的女儿、忧郁型的特点、发现孩子的闪光点、接纳失败、自闭症倾向的侄子、父母离异对侄女的影响、爱的表达
  林文采老师点评………………………………………… 315

导读：心理营养的主要内容

陈抒云

> 解读人的天性、全面认识心理营养、爱的能力、联结的能力、价值感、独立自主、安全感、无条件接纳、生命至重、肯定赞美认同、模范、三个不做、只做一个

我从2011年开始接触心理学，并开始撒网式地广泛学习。在这个过程中，我接触了不同流派的心理咨询与治疗技术，一边学，一边用。在自我成长和个案经验里，我非常深刻地感受到很多问题直指"关系"，而问题的背后都藏着错综复杂的家庭动力。

在那个时候，我无形当中一直结合并运用家庭治疗大师萨提亚的理念，虽然咨询的效果不差，也能解决来访者大部分的问题，但是在个案当中，我仍然会觉得达到一定的深度之后，就再也深入不下去了。那个时候，有人想请我去讲课，但是我始终觉得自己的积累没有核心，没有体系，觉得

自己还没有准备好，所以就拒绝了。这种状况，一直持续到我遇见了林文采博士，遇见了她的心理营养。

一开始听林老师讲心理营养课的时候，我的内心是颤抖的。她的每一个视频，我都反反复复地看，珍惜她吐出来的每一个字，如饥似渴地想把她说的每一个字都刻在心底，就像是饿了很久的孩子在吮吸妈妈的乳汁一样。在那一刻，我知道，我一直以来苦苦找寻的所谓"核心"的东西，找到了。

林老师提出的心理营养，是每一个存在于这个世界上的人，在生命力底层真正需要的东西。它也是我曾经在个案咨询当中，陪着案主在心灵深处要去寻找，却一直很模糊，也很难用语言来形容的那个宝藏。它居然被林老师用如此简单直白的语言，清晰明了地提炼出来了。

如果我们生病了，就需要生理医生开药，去治愈我们的身体。而当一个人的心灵生病了，作为心理咨询师开出来的、去治愈心灵痛苦的药，就是心理营养。林老师深入浅出地提出了心理营养的育儿法，听上去简单，实则要理解得非常深入，才能直达要点。

这是一个让很多家长学了就懂，懂了就会做，做了还有效的工具，是一个能直接运用，并且能够让人从生命力底层真正绽放的法宝。心理营养不只是用在亲子关系上，它适用于所有关系，因为我们养育孩子的过程，实际上也是一个自我养育的过程。心理营养是给自己、给孩子、给家人以及给其他生命的终极关怀。

林文采博士提出的心理营养理念，是对心理学界的极大贡献。我很感谢有这样的机会，可以把心理营养的理念介绍给大家。书中的27位家长及孩子所讲述的，就是把心理营养用在自己身上和亲子关系中的实操示范。

因为担心有些家长不了解心理营养的理论，林老师要我写一篇介绍心理营养理念的文字，作为导读。下面就是我对心理营养理论的一些解读。

关于天性

家庭治疗创始人萨提亚女士提出的心理治疗理念中，第一条就是以人为本。那我们要如何理解人呢？我们人是有天性的，天性是生而为人与生俱来的，好比鱼儿离不开水，草木离不开阳光。如果一个人的天性被破坏了，就一定会痛苦，会挣扎，会反抗。林文采博士在长期大量的个案经验之上提出，我们人类有五大天性。

一、**爱的能力**。我们每一个人都会有这样的能力，就是能付出爱，也能接纳爱。一个人有人爱，会感觉到幸福，能够去爱别人，也会感觉到快乐。如果在这个世界上，没有任何人可以去爱，或是没有人爱他的话，人立刻就会感觉到痛苦，甚至会像行尸走肉一样，感觉到自己生命没有意义。

二、联结的能力。人是渴望与他人联结的。如果一个人与周围所有的人都无法联结，就会感觉到孤独和痛苦。现在社会上有很多人，感觉自己活得像一座孤岛，就是因为无法和他人联结。

三、价值感。人和动植物很大的区别，就是人类是需要追寻价值感的。人活在这个世上会不断地追寻：我是谁？我这个生命是不是有意义和价值的？所以，人不仅是希望能活着，更希望自己的生命是有意义、有价值的，会想要追求自我的实现，这是人精神上的需要。

四、独立自主。看到这个词，可能有人会认为，我可以自己一个人吃饭，一个人生活，这就是独立自主，其实不是。独立自主的意思是，我能够有选择的权利，我能够为自己的生命做出选择，我越来越能够为自己负责。所以，可以看到，如果一个孩子或是一个成人不能为自己做选择，不能为自己负责，就会挣扎，想要挣脱，而大部分青少年的叛逆就是源于想要宣告他们对独立自主的渴望。

五、安全感。人类是需要安全感的，而最大的安全感，是来自我可以相信我自己。比如，我的工作或是我的婚姻出了问题，甚至哪怕是遇到天灾，虽然我会悲伤难过，或是有情绪，但我相信只要我还活着，就一定能够重新再来，只要我还活着，那就是有希望的。

这五大天性，被林文采博士喻为人生命力的五朵金花，而这五朵金花开得有多么灿烂，是和外在的土壤、阳光、空气、水等有关的，而这外在的养料就是心理营养。我们可以理解，我们的孩子如果从小能够得到足够的生理营养，他就能够慢慢地长高长大，从一个婴儿长成大人。如果一个孩子的心理营养充足的话，心灵种子的生命力就能够被激活，他就会有爱的能力、联结的能力、价值感、独立自主和安全感，就能够向着天空长成一棵参天大树，去抵抗外在的风雨。

心理营养不是生命本身天然具备的，就像植物自己不拥有阳光、空气、水一样。那谁能去给孩子的心灵输送心理营养呢？答案是重要他人（significant others），就是世界上除自己以外最重要的一个人，也就是能给自己心理营养的人。所有人的重要他人，第一个一定是妈妈，第二个一定是爸爸。所有的孩子一定会把父母当成重要他人。重要他人给孩子输送心理营养，一定要用时间来做，就好比一棵植物的生长，是需要时间慢慢消化吸收营养，然后代谢生长，孩子也需要时间去消化吸收心理营养。但是，如果父母没有足够的时间去养育孩子，而其他人能否成为孩子的重要他人呢？答案是：或许可以，或许不可以，这是由孩子自己选择的。相关研究发现，有10%的孩子是一定要求父母亲自来做的。心理营养不足够的人，一生都会在外部寻寻觅觅，寻找其他人作为能给他心理营养的重要他人。在成人以后，这样的人就容易在亲密关系当中，要求自己的伴侣给自己心理营养，从而容易导致在关系层面出现问题。

心理营养

一、无条件的接纳【0—3个月】

什么叫无条件的接纳呢？孩子在出生后的0—3个月什么都做不了，完全需要他人的照顾。即使他什么都不能、都不会，但是妈妈仍然会去爱他、满足他。这叫无条件的接纳。

现在市面上有很多的育儿书，都在提无条件的接纳，很多家长就有了这样的困惑：这和"溺爱"有什么区别呢？的确，有很多家长容易把"溺爱"当成无条件的接纳，不知道两者的边界在哪里。在面对孩子的行为问题上，家长容易在两极之间来回跳：要么家长说了算，家长觉得孩子错了，便要责罚孩子；要么家长觉得是自己的问题，孩子都是没问题的，就成了纵容孩子，不让孩子从自身的问题行为中学习总结。无条件的接纳指的是，我接纳你这个人，但是你的行为若是问题，我们就需要学习解决。所以，无条件的接纳不是无底线无原则地去接纳孩子，而是需要温和而坚持地寻找解决问题的方案。

在日常生活中，要怎样做才能让孩子感受到他是被无条件接纳呢？可以从以下四个方面来做。

1. 当孩子做错了的时候

当孩子犯错的时候，家长要握着他的手，告诉孩子错了没有关系，他一直是被你爱着的。但是这样的行为错在哪里，影响是什么，他可以怎么做，这些需要家长温和地告诉他。很多时候，家长只会打骂孩子，甚至是一味地在发泄自己的情绪，但是孩子并没有得到应有的指导。自己应该怎么做，孩子压根儿就不知道，因为家长没有教他如何去做。

2. 当孩子未能满足自己期待的时候

其实当父母对孩子有期待的时候，孩子是特别渴望自己有能力去满足他们的期待的。但是，当孩子做不到的时候，有的父母可能会因为失望而气急败坏、破口大骂，这会让孩子感觉到自己非常没用和无能，甚至可能会造成严重的心理创伤。当孩子不能满足自己的期待的时候，你可以告诉孩子，没关系，虽然爸爸妈妈对你有期待，但这只是我们的期望。我看到你已经尽力了，这就已经足够了。只要我们不断努力，就会一次比一次有更大的进步。

3. 当孩子失败了的时候

对于孩子来说，一次小小的失败，就会让他产生愤怒、悲伤、挫败、无助、失望等很多情绪，会害怕自己是不好的，是不被爱的、不被接纳的。所以，当孩子因失败而沮丧流泪的时候,父母要温和地告诉他:没有关系,无论怎样,我们都是爱你的,你依然是我们的好孩子。

4. 当孩子有负面情绪的时候

当孩子有情绪的时候,家长常常会阻止或是指责。情绪是我们与生俱来的一部分,如果一个人的情绪被否定或是被拒绝,他会感觉到整个人都是不好的,是被拒绝的、不被接纳。情绪有一个很重要的特质,就是需要被看见。当一个人的情绪能被别人看见的时候,情绪就会变化。当孩子出现悲伤情绪的时候,父母可以告诉孩子:我看见你现在很悲伤(或者其他情绪),没关系,我听你说,我陪你一会儿。

二、生命至重【0—3个月】

生产后,母亲由于体内本体胺的分泌,当孩子哭闹、有需要的时候,母亲都会不顾一切去照顾孩子。即使孩子小看不见,但是所有的感知都让他知道,当他有需要的时候,他就能够得到回应和满足,他就会收到"生命至重"这个心理营养,也就是在母亲的生命中,我最重要。

现在很多二胎家庭出现了孩子之间的竞争问题,就是因为看到老二的出生,老大会感觉到自己对父母来说变得不重要,或是不被父母重视了,因而会感到很受伤。有些孩子甚至不允许父母生第二个孩子。

想要让孩子感受到他是被重视的,该怎么去做呢?就是要有一对一专注的陪伴时间。在这个时间里，就是我和你单独在一起，我的注意力都在你身上，或是都在和你共同做的事情上。我全然地陪伴你，让你感受到我是重视你的。

当孩子收到父母的无条件的接纳和生命至重的心理营养时，天性当中的价值感就会绽放出花朵来。

三、安全感【3个月—4岁】

真正独立的人格是从分离开始的。孩子想要独立自主，只有拥有足够的安全感，才能与重要他人分离。否则，一个孩子一生都要面对一个问题，就是分离焦虑。在建立安全感这件事情上，妈妈的作用大于爸爸，因为孩子要分离的对象主要是妈妈。妈妈要有怎么样的状态，才能给孩子提供最好的安全感呢？

首先，妈妈的情绪要稳定。这并不意味着妈妈没有情绪，有情绪是正常的，但是如果妈妈的情绪不稳定，总是容易因为一些小事大呼小叫，或是阴晴不定，那么孩子的安全感就会受到影响。

其次，夫妻之间的关系要稳定。如果父母的关系不好，甚至恶劣，经常吵架、相互指责，孩子的内心就会很恐惧。夫妻关系在孩子成长的头几年里是非常重要的。

最后，要允许孩子去做任何他可以为自己负责的事情，比如吃饭、穿衣、喝水等。之前说过，一个人最大的安全感来自可以相信自己,当一个孩子可以自己为自己负责时,会大大增强孩子的安全感。

随着孩子安全感的慢慢增强,他会开始慢慢产生分离意识。此时,孩子内在的两个天性会有冲突。一个是独立自主,我可以为自己做选择;一个是我要与重要他人联结。所以,有时候他会表现出很想要自己做,有时候又想去依赖自己的妈妈。

父母会发现这个时候的孩子很难伺候。所以,当孩子想要联结的时候,就允许他;当孩子想要自己探索的时候,就大胆放手;当确实有危险的时候,也需要温和而坚持地告诉他不要这样。温和是指,当我们制止孩子时,态度上要不带有评判和指责。坚持是指,行为上要坚决制止孩子不当或不安全的举动。

在给予孩子安全感这件事上,妈妈是最重要的。所以,妈妈要做好四件事情。(1)了解什么是情绪管理;(2)处理好与父母的关系。如果与父母的关系有问题,情绪很难稳定;(3)核实是否有创伤事件。如果有,需要进行心理治疗;(4)核实是否缺乏心理营养。要学会把心理营养做在自己的身上。

四、肯定、赞美、认同【4—5岁】

孩子在0—3岁时,倾向找妈妈。到了4岁,孩子开始去找爸爸。他们想要得到爸爸给予他们的肯定、赞美、认同。在这个时间段，受到爸爸的肯定、赞美、认同，能极大地提高孩子的价值感。得到了爸爸足够的肯定、赞美、认同的孩子，不太会受到别人的影响。可以说，对于孩子来说，爸爸是心灵上的保护神，对孩子的生命是有很大影响的。

那么，肯定、赞美、认同要怎么来做呢？

第一类：语言上表达肯定、赞美、认同。肯定、赞美、认同，需要是"当下发生的""注重过程的""越具体越好的""真心真意的"。比如，每次看到孩子有一点点感动的时候，你要告诉孩子，你的感动是什么，当下发生了什么，过程是什么，具体去描述它，你欣赏孩子的是什么特质，要落在孩子这个人的身上，而不是做的事情的结果上。特别要注意，不要加上你对未来的期望，那就不是肯定、赞美、认同了，而是你的希望和要求。当肯定、赞美、认同变味成为要求孩子的工具的时候，孩子是收不到这个心理营养的。

第二类：非语言地表达肯定、赞美、认同。表达对孩子的欣赏，可以用肢体的语言，比如击掌，表达我在肯定你，我在欣赏你。或是给予孩子一些权利，让他参加社会活动等。肯定、赞美、认同不是条件交换。给予权利只是一个鼓励，是为了表达肯定、赞美、认同，是因为我太欣赏你了，而语言又表达不了，所以我给你一个特权，允许你去做一些事情，或是我送你一个礼物。

父亲给予孩子肯定、赞美、认同，会深刻影响孩子的三个方面。

一是人生观。当爸爸告诉孩子，我喜欢你，我希望你做这件事情。这会给予孩子人生的方向，塑造孩子的人生观。

二是自我形象。通过肯定、赞美、认同，能很好地塑造孩子的自我形象。因为父母愿意认同他，孩子就会愿意在这样的品质上下功夫，孩子的价值感会提高。

三是性别认同。在这个方面，爸爸做的效果远胜于妈妈。爸爸需要对自己的儿子或是女儿说：我真高兴你是我的儿子，你真是我的好儿子。或者，我真高兴你是我的女儿，你真是我的好女儿。孩子会为自身的性别角色而高兴。

五、模范【6—7岁】

孩子的大脑有一个功能，会把重要他人的言语、行为、声音像录像机一样拍下来记录在大脑中，所以从6岁开始，每个孩子就大量吸收来自重要他人的信息，作为他去学习、模仿、认知的对象。孩子在模仿的时候，主要针对三个方面来学习：（1）面对问题的时候，解决问题的态度、能力和方法；（2）面对人际关系的时候，是如何处理的；（3）如何处理自己的情绪。

孩子的天性一定是模仿他的重要他人，所以不用去管别人是如何教你的孩子的。只要父母是孩子的重要他人，他们模仿的对象就会是父母，最可怕的是父母不是孩子的重要他人。同时，父母如何说不重要，重要的是自己的行为，孩子全都吸收在自己的头脑里。看得见的是模范，看不见的不是模范，这是孩子的认知功能所致。如果父母经常不在家，不在孩子的面前，孩子就会得不到满足。如果孩子没有重要他人，特别是与父母关系不好，就会去学校里面寻找模仿的对象，所以到了中学，很多孩子开始追星。

以上就是心理营养理念的要点。如果一个人的心理营养不足够的话，就容易在以下三个方面出问题。

第一个是情绪不稳定。其实，我们每一个人都是有情绪的，所谓的情绪不稳定，指的是一个人不能控制自己的情绪。因为小小的事情就容易有情绪，情绪波动也很大，也容易因为情绪而影响周围的人。

第二个是人际关系出现障碍。问题可能出现在孩子与小朋友一起玩的时候，也可能出现在读书以后与同学相处的时候。长大以后在职场上，在亲密交往当中，人际关系也容易频频出现问题。

第三个是产生偏差行为。偏差行为简单来说，指的不仅是在行动上，也包括在语言上，会伤害自己或是伤害别人。比如，有些孩子到了青春期会出现一些自残的行为，或是伤害别人。

常听很多家长说，现在的孩子太脆弱了，遇到一点儿问题就崩溃了。我们的确看到了很多父母竭尽全力去爱孩子，以为是爱太多了，所以孩子才变得脆弱。但实际上恰恰相反，是因为在爱的方式上出现问题，导致孩子压根就没有吸收到心理营养，他们才会像根基不稳的小树苗，在生活的风吹雨打中夭折。世界上会发生很多意想不到的事情，与其留给孩子外在的物质条件，不如帮孩子打造一颗坚强的内核，让他们能抵御一生的外来风雨。

上面这些要点都是林文采博士提出来的理念。大家在书中也会看到很多家长在说三个不做、只做一个。这三个不做就是：

一、不说伤孩子自尊的话。任何个人的素质都属于孩子的自尊。当你说孩子懒惰、笨、丑，或不负责任，都是伤孩子自尊的。如果孩子犯错了，怎么办呢？直接说他做错什么就可以了。对事不对人是要点。

二、不说羞辱孩子的话。不要在别人面前批评教训孩子，让孩子觉得没面子。请记得：孩子也是要面子的。

三、不要有焦虑情绪。这个可能是父母最难做到的。如果家长很焦虑，就是暗示孩子不够好。父母越放心，孩子就越舒心。这样孩子的天性才能发展得好。

所谓的只做一个，就是只给孩子做心理营养。在养育孩子的路上，如果父母能够坚持三个不做、只做一个，就能轻松育儿，养育出快乐自信的孩子。

　　这本书里的父母就是运用了三个不做、只做一个的理念，帮助孩子从自闭、叛逆、厌学，以及其他偏差行为中走了出来，同时也完善了自己。

用心理营养改变被溺爱的孩子

王 鹏

> 胆小、脾气大、脆弱、哭闹、没规矩、自理能力差、陪伴、夫妻同心、母亲极度焦虑、父亲休长假在家养育儿子

2014年夏天,我当了爸爸。儿子的出生诊断书上写着:珍贵儿。

那一年,我39岁,孩儿他妈,36岁。我们结婚10年,历经两次自然流产,千辛万苦第3次怀孕成功,万苦千辛10月保胎,终于剖腹产,生下了儿子。

迎接这个珍贵儿的,除了他的爸爸妈妈,还有4位望眼欲穿的上一辈老人。大家可以想象,这之后就是过度保护、过度控制、娇生惯养,以及溺爱。

妻子是高龄产妇,生产以后身体恢复得也不太好,一直在家里带儿子,到孩子1岁才上班。然后,白天就是外婆带,晚上我们带。

随着儿子的成长，我觉得儿子的养育出现了很多问题。

首先，我发现儿子的胆子特别小。在和同龄的孩子一起上早教班的时候，他只能一个人在角落里玩，旁边有任何的孩子和家长，他都会非常恐惧地避开，而且必须要我时刻待在他的旁边，一旦发现我离开，就会大哭。

在小区里带他散步的时候，发现小猫小狗，他都会马上逃到爸爸妈妈怀里，而且必须要我们抱起来。在家里的时候，他的脾气又特别大，稍有不满就大喊大叫、大哭大闹，结果就是外婆妥协，马上服从。

其次，一些简单自己能做的事情，他都不愿意做。我教他如何做、鼓励他做的时候，他总是退缩，根本不愿意尝试。经过我的不懈努力，好不容易逐渐教会儿子做了，比如说用小勺子吃饭、自己擦屁股，但总是没过两天又不做了，儿子振振有词地说，外婆都给他做好了，不让他自己做。

最后是过度溺爱，让儿子没了规矩。我们家是四代同堂，家里有一位90岁的老奶奶，白天总是坐在客厅里打瞌睡，儿子觉得太奶奶不理他，总是去打老人家，甚至把老人的拐杖抢走，但家里其他人不去制止和教育儿子，反而哈哈大笑，可能觉得这么小的孩子就会打人，很好玩。我看到了立马制止，儿子就哇哇大哭、大闹，丈母娘就心疼外孙，阻止我教育孩子。这样糟糕的行为反复上演。

因为这个孩子来得特别不容易，家里长辈视他极其娇贵。为了安全，什么都不让儿子触碰。到外面玩，就告诉孩子到处都是脏的，草丛里不可以走，花花草草不可以碰；还告诉儿子，小猫小狗都会抓人咬人；外面的人都是坏人，会把你骗走的；外面的小孩子也不干净，会传染感冒，不能跟他们一起玩，等等。

当儿子不小心摔倒或撞到柜子上的时候，他还没有哭呢，外婆反应比他还大，一边喊着好痛好痛，还一边拍打着地板或者柜子。"都是地板和柜子的错，要打它们。"这导致儿子稍微磕碰一下就大哭，还一边拍打柜子和地板。

如此种种，不一而足……

当我发现儿子的问题越来越多的时候，屡次三番地跟长辈沟通：如此养育会出现什么后果，应该如何养育孩子。但没有任何效果，矛盾反而愈演愈烈。我的耐心越来越少，脾气越来越大，跟长辈反复发生冲突，甚至把瓶子都摔了。

这让我爱人夹在中间非常难受，直接影响了我们夫妻的关系，家里氛围也变得冷冰冰的。我一回家，看到儿子的样子，对长辈就怀着一股愤怒和怨气。我的怨气越积越多，甚至到了要崩溃的边缘。但我仍旧是束手无策，儿子的问题也越来越严重。

就这样，一直到了儿子快2岁半的时候，我无意间买了一本名为《心理营养》的书。虽然之前看了很多育儿的书，但这本书确实让我眼前一亮。我几乎用了一个晚上的时间就全部看完了，然后马上把这本书给妻子看。同时，我还很兴奋地把书里的内容讲给她听，我们一起分析儿子的天生气质，哪些比例更多一些，一起讨论应该如何养育儿子。

我们在很多方面达成了共识。《心理营养》一书成了我们育儿的指路明灯，我们也找到了一条正确育儿的路。

眼看儿子的情况越来越严重，我做出了一个重要决定：请一个长假，在儿子上幼儿园前9个月的时间里，全职在家养育儿子。

我那时还是部队现役干部，所在部队里从来没有出现过这样的情况。我反复和政治部门的领导沟通，甚至最后讲到，我服役20年，从来没有向部队提出过任何要求，这是我的第一个请求，也是最后一个。我打了转业报告，同时申请休假，终于获得批准。因为我心里想的只有一个问题，我必须承担起父亲的责任。

请假回家以后，我就开始了全职爸爸的生活，辛苦并快乐着。每天做好一日三餐，同时安排好儿子的起居：游戏、室外活动、亲子阅读、社会交往等。此外，还安排各种小小的探险，来保护儿子的好奇心，培养儿子的冒险精神。我还养了2只小猫、1只小狗、2只小乌龟、2只小鹦鹉，引导儿子爱护动物、热爱生活。同时，我注重在生活中培养儿子的各种习惯、自我管理能力，还有人际交往能力，等等。

刚开始的时候，儿子每天午睡中间都会和平时一样，突然惊醒并大哭大喊，我就立刻把他抱在怀里，轻轻地抚摸他的脊背，告诉他，爸爸陪着你、爸爸在，儿子很快就在我的怀里睡着了。几个月以后，儿子终于能够安安稳稳地睡一个完整的午觉了。

在这个过程中，我一直按照《心理营养》这本书中的内容去做，用无条件的接纳、生命至重、安全感、肯定赞美认同、学习认知模范这五大心理营养，去浇灌儿子的五朵金花。虽然书里的有些内容，我理解得还不是很透彻，做起来总是有点磕磕绊绊，但我还是坚持努力地去做，因为我看到神奇的改变在儿子身上发生了。

我和儿子的关系也从紧张变得亲密，儿子越来越喜欢和我在一起，变得越来越阳光了，胆子也越来越大了；能够很好地自己吃饭、自己穿衣服、自己擦屁股；也越来越想去探索外面的世界，越来越像个男孩子；也越来越有礼貌，越来越有规矩，能够和小区里的老人、孩子、保安，甚至是搞清洁的爷爷奶奶自如地对话、互动，小区里物业的员工都认识他，都喜欢跟他开玩笑、打招呼。

外公外婆看到孩子的变化也非常高兴，非常认可我的努力和付出，我们之间的关系也得到了很大的缓解，我和爱人的关系也得到了很明显的改善。

9个月之后，儿子上幼儿园的时刻到来了，我一直担心的分离焦虑似乎没有出现。在幼儿园的班级里，儿子的月龄非常小，刚入园的前几天，幼儿园小班里每天都是哭声一片，但儿子一次都没哭，从来没说不去幼儿园，每天都是高高兴兴地去、开开心心地回。倒是我自己，每天把儿子送到幼儿园，回来的时候心里总是空落落的，各种担心涌上心头，回到家里都不知道做什么，而平时带儿子的时候，倒是从早到晚忙得停不下来。但是，每次傍晚去接儿子回家的时候，看到儿子开心的笑脸，我内心总是充满欢喜和欣慰。

儿子上幼儿园后不久，我的转业命令下来了。我即将脱下已经穿了20年的军装，虽然心里充满不舍和伤感，但看到儿子的转变和成长，作为父亲，我觉得一切都是值得的。

不久，在上一个线下育儿课程的时候，坐在旁边的一位老师跟我说起，林文采老师的亲子课程特别好，我突然想起，林文采不就是我喜欢的《心理营养》这本书的作者吗？我想林老师的课程一定是非常棒的，就毫不犹豫地走进了林老师的专业课程LEVEL1。

在上第一阶段原生家庭5天课的时候，我就被深深地打动了，毫不犹豫地给我爱人也报了课程，并同时报了亲子课和亲密课。林老师的课程让我了解了我的家庭，理解了我的父母，也理解了我的岳父母，似乎知道了他们为什么会这样做，他们为什么会这样养育他们的小孙子或外孙，这就是他们能给我的儿子的最多的、最好的爱。同时，我也更清楚地认识了自己，我越来越觉得自己被深深地疗愈了。

妻子上了林老师的课程以后,也深有同感。尤其是上了林老师的亲密课以后,知道了男女大不相同,知道了彼此顾念,我们夫妻的关系也越来越好了。

在育儿方面,我和妻子一起上了林老师的亲子课以后,我们夫妻俩的育儿理念和行动完全一致了,对五大心理营养的认识也更深刻了,对如何更好地把心理营养做到儿子心上,也有了明确而有效的行动和实践。看着儿子越来越好,我们夫妻俩心里都乐开了花。在育儿和学习的过程中,我和妻子都有了巨大的收获。

收获就是,**我们越来越觉得,儿子是我们的老师,育儿是一场修行,父母成长和改变了,孩子才会更好地成长和改变。**

育儿其实是育己,而育己其实是育心。在育儿的过程中,我们作为父母,心理的成长和成熟,人格的完善和稳定,才是育儿的前提和基础。这就是所谓的育儿先育己,育己先育心。

最好的育心方法,也是最实用、最有效的方法,就是用心理营养育儿育己。给我们的孩子心理营养,孩子就能茁壮成长;我们自己做我们自己的父母,给我们自己心理营养,我们自己也会得到巨大的成长。

心理营养是一剂灵丹妙药。回头看我的育儿经历,学好心理营养,用好心理营养,是育儿育己的必需和前提。

正确的。其他更详细的方法，我会在后面其他篇章中来。

、在这里，我特别想提出的是，给没有安全感的孩些小动物确实很有效，不但可以培养孩子的爱心、责也能带给孩子很多安慰，特别是对于那些很忙碌的父这个方法可以考虑。

五、还有一个要提出的是，爸爸在孩子没法安然午睡要抱他，抚摸孩子的背，这是一个很好的做法，大家可借鉴。

六、最后，当孩子情况好转了，看到效果了，老人就安心了，就没有矛盾了。我在这里想说的是，不必和别人比怎么养育孩子，自己的孩子自己负责，不要期望别人用你的方法，自己扎扎实实地把心理营养做在孩子身上才是硬道理。

七、夫妻两人同心同力，无坚不摧。文中重点我用黑体字标了出来，大家仔细阅读、效仿就可以了。

我非常有幸、非常有福地遇
林文采老师。感谢林老师和《心理
选择，那就是：用心理营养育儿育

林文采老师点评：

一、大家从这篇分享里，可以清
溺爱、过度担心、过度控制的后果：孩
小，没有安全感（从每天午睡不好、尖叫
冒险。

二、因为孩子特别珍贵，家里老人带孩
心，常常提醒孩子这个危险，那个不卫生，这
对这个世界感到害怕，觉得不安全。但是，老
子，觉得一定要确保孩子的安全，父母不同意这
两代之间肯定是有矛盾的。这种矛盾不但影响和
系，也会间接影响夫妻关系。一旦孩子发现是自己
矛盾的核心，这个孩子就会讨厌自己，觉得自己不好
没法健康成长了。

三、作者做了一个很有智慧的决定，就是长期休假
孩子最需要爸爸的时候，留在家里陪伴孩子。心理营养的
点就是一定要有时间来做，没时间的话，什么都做不了。所
有真实的肯定、赞美、认同，所谓的重视，必须从和孩子的
互动中获得。具体过程怎么做，大家可以参考作者的做法，

孤独症孩子的治疗案例

冯丽平

> 孤独症谱系障碍、自闭、只会说单音字、走路不稳、抱妈妈鞋子睡觉、不愿互动、重新养育、给予关爱和鼓励、培养安全感、爷爷有精神病史

小明在一个有严重精神分裂症患者的家庭成长到3岁。

因父母条件所限，小明在3岁前，一直和爷爷奶奶一起生活。爷爷患有精神分裂症，未入院治疗，一直在家，时常犯病，打骂家人。

父母在小明3岁时，接他来到身边，送他到幼儿园，才知道孩子有问题，后来小明被医院诊断为孤独症谱系障碍（以前通称为自闭症）。

小明4岁来到康复中心时，只会说单音字，比如，想吃东西他只会说"吃"，想要东西只会说"要"等，生活不能自理，走路不稳，每天晚上睡觉时必须抱着妈妈的鞋子。只

有别人拿他的东西时，他才会喊叫、攻击。父母为了能让他有反应，只有不停地假装拿他东西，进行互动。如果没有以上行为，孩子会一个人在一个地方很久不动。

我们在治疗前，从家庭获得的信息比较全面，因此大胆采用倒养的方式来重新养育小明。也就是，父母要将这个如白纸一样的孩子重新养育一次。这对父母比较难，因为时间比较长，所以最先采用的是林文采博士的心理营养的理念。

从父母提供的信息看，小明是在有精神分裂症的爷爷身边成长到3岁的。每个月爸爸妈妈会回去看小明一次。我们看到，小明是一个心理营养匮乏的孩子，所以我们采用林文采博士的心理营养的方法，作为治疗的第一个手段。

在林文采博士提出的心理营养理念里，第一个要做的心理营养是：对孩子无条件地接纳，也就是对孩子不讲任何条件，即使出问题了，我也全身心地接纳你。

第二个要做的心理营养是：此时此刻，在我的生命中，你最重要。

第三个心理营养是：给孩子足够的安全感。

第四个心理营养是：在生活中，给孩子大量的肯定、赞美、认同。

第五个心理营养是：当孩子的模范，让孩子从我们身上学习如何处理问题、情绪、人际关系，以及生活的方方面面。

我们在对小明的治疗中，首先做的是心理营养里面的给孩子安全感。小明每天晚上都会抱着妈妈的拖鞋睡觉。这说明，他虽然是一个孤独症谱系障碍的孩子，但他并不是没有情感需要的。抱妈妈拖鞋睡觉的举动，表明他的内心需要妈妈在身边，他只是将拖鞋想象成了妈妈。但当真实的妈妈来到他身边的时候，他反而是拒绝的。那妈妈在小明心中究竟是什么样子的呢？

我们先从小明和妈妈的互动开始，让妈妈给予小明温暖、关爱，让妈妈尝试每天给小明做身体按摩。刚开始的时候，妈妈触碰他，他非常抵触。小明会打妈妈，咬妈妈，这时妈妈会一直告诉小明："我是妈妈，我是爱你的，我不会伤害你。"

经过7次尝试之后，小明就接受了妈妈给他做身体按摩，而且非常开心。这样的互动持续了4个月之后，小明就不再抱着妈妈的拖鞋睡觉了，有时他还会模仿，给妈妈做按摩。

爸爸参与的部分是，我们会让爸爸每天背他、抱他，或者让小明骑在爸爸的肩上玩耍，比如举高高，或者是爸爸扮演马，让小明骑在爸爸的身上。

刚开始举高高的时候，小明非常非常害怕，不停地喊叫。当他喊叫的时候，爸爸会停下来，然后亲亲他。之后，爸爸会假装拿起一个玩偶来举高高。小明看到爸爸举玩偶的时候，会拉爸爸的衣角，拽爸爸，会把玩偶扔到一边，举起小手让爸爸抱。这时爸爸再来举小明。这样重复几次，小明就不再恐惧了，反而非常开心。

所有的这些，在小明和爸爸妈妈最初互动时，他都会表现出明显的恐惧、害怕，还会不停地叫喊。这时父母需要不断地重复，不断地让小明相信爸爸妈妈不会伤害他，是爱他的，想和他一起玩耍，想带给他快乐。这种信任需要时间去一再重复，一再保证，直到小明能战胜恐惧，战胜害怕，他才能有足够的安全感，才能重新去认识这个世界。

对于小明的肯定、赞美、认同，是如何去做的呢？

也许我们会说，对孤独症谱系障碍的孩子做肯定、赞美、认同太难了，陪伴他们是一个非常非常难的过程，这样什么都做不好的孩子有什么值得赞美的呢？对小明的肯定、赞美、认同，是从生活小事里找到的。

我们发现小明对拼图很感兴趣，所以就做了一些简单的拼图，让小明尝试拼。每次小明找出一块正确的拼图，爸爸妈妈就欢呼。我们教导爸爸妈妈给予他及时的肯定和欣赏，先用最简单的肯定、欣赏，就是鼓掌，还有竖起大拇指，然后再慢慢发展成语言上的欣赏。这样几次之后，小明竟然爱上了拼图，而且能够正确地将图拼起来。

经过一年的训练后，小明能够说出完整的句子，还能简单地和父母互动。让爸爸妈妈最开心的是，小明能和爸爸妈妈分享食物了。

心理营养理念运用到孤独症谱系障碍的孩子身上，就是需要父母从一点一滴的小事做起。它不是一个固定的顺序，而是随时随地地将心理营养运用到生活当中、细节当中。它不是一个短期见效的工具，而是一个漫长的过程，父母最需要的，是有足够的耐心和爱心。

最重要的一点是，要去接纳你的孩子，他是上天送给你的一份特殊的礼物。他们闪着属于他们自己的特殊光芒，来到人间，成为你的孩子。

对于父母来说，养育孤独症谱系障碍的孩子是极为艰难的，他们本身也是需要被看见、被懂得的。他们在尽自己所能，给予孩子他们所能付出的最好的，他们比普通的父母更尽心尽力，想将这个孩子养好。所以，我们在辅导每一位家长的时候，也要给予他们心理营养：接纳、理解、信任、欣赏他们为孩子所做的一切。

林文采老师点评：

一、先给大家科普一下孤独症谱系障碍（ASD），也称孤独症、自闭症，现在统称为孤独症谱系障碍，或自闭症谱系障碍。孤独症谱系障碍被定性为一种广泛性发育障碍，谱系是指症状的范围及其严重程度。孤独症谱系障碍儿童的两大核心症状，即社会交流和社会交互方面的持续性缺损，以及重复刻板的行为模式、兴趣和活动。除这两大核心症状之外，孤独症谱系障碍的孩子，有相当部分会出现语言缺损和运动发展障碍。

　　本文作者冯老师，多年从事帮助自闭症儿童和偏差行为儿童的工作。本篇分享的是如何帮助自闭症孩子的过程。一般来说，孩子没法和人联结是因为安全感不够。在3岁之前，孩子最需要的心理营养是安全感。安全感不足够的孩子没有办法和他的"重要他人"健康地分离，不能健康分离也就没法和其他人建立一个"独立自主，以情相系"的健康关系。因为害怕分离，孩子会选择自闭，用自我隔离来减少分离的痛苦。最明显的证明就是，孩子晚上睡觉时要抱着妈妈的拖鞋。这个拖鞋在心理专业上叫"过渡性重要他人"，因为孩子没法和他的重要他人有足够的时间在一起，在没有足够安全感时，就会找一个东西来代替重要他人。妈妈可以做的，就是像文中所说的，通过大量的身体触摸给孩子安全感，可以抱着孩子，有节奏地抚摸孩子的后背、身体和手脚，拿孩子的手抚摸妈妈的脸和手脚，或者玩一些身体碰撞的游戏，都很有效。这几乎是对所有自闭症孩子最起初的治疗方式：通过肢体接触给予孩子安全感。

　　二、妈妈对孩子的安全感是很重要的。作为自闭症孩子的妈妈，要努力做到以下几点。

　　1.妈妈需要努力让自己情绪稳定，学习情绪管理。如果妈妈常常阴晴不定，对孩子吼叫，孩子就没有安全感。

2.爸爸妈妈的关系对孩子的影响很大。爸爸妈妈如果非吵架不可，请不要当着孩子的面，找个没人的地方去吵吧。

3.允许孩子做他能力范围内的事情，比如喝水、吃饭、洗手、拿衣服等等。

三、文章里面提到的一个重点是，心理营养不是按固定的顺序做的，而是可以随时随地地做，最考验父母的是耐心。一定要准备好一点一点地做，反复地做。当然，特殊教育里面的方法，也可以用来训练孩子做各种各样的活动。我建议用游戏的方法让孩子的感官得到训练，另外我大力推荐大家做心理营养，让孩子从内在获得力量，重新发展他本有的天性。目前关于自闭症的处理，我的学生都是教导父母做心理营养，效果非常好。

四、文中提到了如何赞美自闭症的孩子，这个对自闭症孩子非常重要。首先从兴趣开始入手，然后发展成一种游戏，在这个过程中，孩子肯定会越来越熟练，越做越好，我们要对孩子的每一个进步欢呼、鼓掌、拥抱、击掌等等，这些都是肯定、赞美、认同。这个心理营养常常能快速提高孩子的生命力，效果特别好。

五、在这里想提出的是，每个人的爸爸妈妈，很自然会成为孩子的重要他人，而人类的心理营养是重要他人才能给予的。父母亲在孩子3岁之前，最好自己养育孩子，或者至少把孩子带在身边养育比较好。因为有些孩子会接纳爷爷、奶奶、外公、外婆做自己的重要他人,而有些孩子只接纳自己的父母做重要他人。这也是现在有那么多留守儿童问题的原因。父母认为爷爷、奶奶对孩子很好啊,也照顾得很用心,却不明白孩子可能不接纳除父母以外的人做重要他人,没法获得足够的心理营养,就像植物没有阳光、空气和水,哪里能长得好呢?单靠教育孩子是没用的。

青春叛逆期

张 谡

> 愤怒、叛逆、重视倾听、无条件接纳、允许犯错、以身示范

我的孩子,是那种到了哪一个年龄段就会出现那个年龄段典型情况的孩子。我一直用学到的心理营养理念养育他,和他一起走过了所有的关卡。现在我和大家分享一下他的青春叛逆期。

准确地说,孩子所谓的"叛逆期"是从小学开始的。那个时候,我不会处理和丈夫的矛盾,也不会管理自己的情绪。

小学的时候,他说过很多次不想上学。有一次,他因为愤怒在自己卧室门口贴了一张大大的纸,上面写着:日本鬼子不准入内!并狠狠地把我们关在门外。

我开始去翻看心理学的书,带孩子参加一些夏令营,也

上了一些老师的课。

真正让我开始改变的，是上林老师的专业课。我第一次开始懂自己，并给自己做心理营养，后来又上了林老师的亲子课，养育孩子的同时，也养育自己。现在想想，特别佩服自己的是，在参加了课程之后，就再没有对孩子无缘无故地发过火。情绪来了，就先阅读情绪，然后疗愈，并给自己做心理营养，再转身去面对孩子。

孩子上了初中，反而开始变得平静、稳定、自信、阳光、快乐。

在这个过程中，我给孩子做了大量的心理营养，比如重视、接纳、给予安全感，肯定、赞美、认同，以及做榜样。

下面我来具体讲讲怎么做这些心理营养吧。

一、重视

有一次，孩子放学后，满脸期待地问我：妈妈，你答应我的事做了吗？我懵懂地问：啥事儿？

他的脸一下涨得红红的，扭身就回了自己屋子。我自以为有理地问他：你得说清楚啊？是什么？你不说我怎么知道？他在屋里大喊：你从来都不会听我说什么？！

当时，我也有一些挫败感，因为自己也在努力改变中。于是，我处理了自己的情绪后，不再试图为自己辩解，而是真诚地和孩子谈：**是妈妈错了，只想着自己的事，和你相**

处时从来不用心听你真正讲什么，所以你感觉到不被妈妈重视，让你觉得生气和难过。这是最后一次，妈妈会变的，你相信我。

他从屋里出来了，整个人表现得很平静，还有点欢喜，就像老师说的，孩子很容易原谅父母。在那之后，每次孩子讲话，我都刻意停下手上的事情来倾听他、回应他，能做到的，就做，做不到的，就告诉他原因。有时候手里的事不能停，也会和孩子说，一会儿妈妈来听，并且会遵守自己的承诺。孩子的情绪越来越平静，对物质的需求也越来越少。当他提要求时，他能接受我的拒绝，只要我说做不到、不行，他必然欣然接受，不会再说第二遍。

二、无条件接纳

有一天，我和孩子一起吃饭，一边吃一边闲聊，他忽然说：妈妈，我想打架，想狠狠地揍一个人。我就问他发生什么事情了，让他如此生气。他告诉我，邻班一个孩子总是在他和好朋友经过时，讲一些侮辱性的话。他讲述的时候很生气，我说，这件事情让你特别生气（接纳情绪），他说是的，我特别想狠狠地揍他一顿，以解我心头之气！我就问他，这件事情，除了打他一顿，还有没有其他方法？他说，没有！打他就是最好的方法！我说，如果是这样，打他是你现在能想到的唯一解决问题的方法，那妈妈支持你（接纳他的想法和我不同）。

他带着一点点怀疑的神情看着我，然后我说，妈妈决定给你打架经费。他笑了：还有经费？我说是的，我来告诉你这些经费怎么用（有条件的接纳行为）。他很感兴趣，我告诉他：说起来这就是一个人嘴不好，也没有什么大事，打一架也行。但是，在打架的时候，要注意保护自己的眼睛、阴茎这些身体上的敏感部位，同时也让自己不要伤到对方的这些位置。你学习过跆拳道，在和别人身体接触的互动里保护好自己和对方，你有方法做到，这一点妈妈还是知道的。还有，最好别让老师知道，因为老师如果找我，我实在没能力回应。那么，接下来，你在打架的时候，你和对方衣服破了，脸肿了，哪里破皮、流血了，这些都可能发生，这钱就是让你打完架处理这些事情用的。还有，如果你决定要打，那最好打赢。我这样说，并不只是用一个方法去试探孩子，我问过自己的心，我内心真的觉得如果他要打架，我是能够接受的，我允许他犯错。

当我讲完这些话的时候，他就沉默了。过了一会儿，他开始讲其他事情，我看到他的情绪已经平静下来了，快吃完饭的时候，我问他：儿子，你决定了吗？这个架你要怎么打？他说：不打了！我就问他：不打架怎么处理啊？他说：其实也没什么大事，我们几个好朋友又高又大，警告他一下就够了，他会害怕的！

听他说到这里，我很快就用上肯定、赞美、认同了：你能这样想问题，妈妈觉得你是一个有智慧、心胸大的男孩子。一件事情想到多个解决方法，这是聪明。遇到困惑，总有朋友和你站在一起，可见你人缘好，是值得深交的孩子。讲完这些，我就看到孩子脸上的表情是满足，就好像刚刚享用了一顿美食后的样子。我就想，原来心理营养是可以喂饱人的！

再后来，我孩子对于打架有了一个自己的观点：靠打架解决问题的是"莽夫"！

三、树立榜样、模范

有一年，我被一个平台邀请去夏令营里做带领老师。经平台同意，我带了14岁的儿子去做义工，让他负责和大家一起拍照，并做一些零活。夏令营里，从7岁到18岁的孩子，大约有60个，同时还有他们的家长。很多课是家长和孩子分开上的。有一天，我下午上完了家长课，晚上带孩子。那一天，我特别累。我们有备用的方案，如果晚上孩子们太闹，无法集中，就给他们看视频。我是第一次和那么多年龄差距很大的孩子们在一起，我设计的课程很难实施下去。于是，我想反正有备用方案，那就让孩子们看视频吧。

结果，晚上开例会时，得知我被投诉了。一个女孩子说，头一天我带他们时感觉很好，可是晚上的课，我不用心、不努力,也不去管那些闹腾的孩子,直接让大家看视频,认为我不负责任。我被平台的老师严厉批评了。这一切,我孩子在旁边都亲眼看到了。我很快调整自己,问自己那个时候发生了什么。原来,是我首先在心里放弃了自己,觉得反正我也不那么重要!可是,女孩子的投诉告诉我,我没有自己想的那么不重要。原来,这个世界上真的只有我自己可以放弃自己!

例会结束时,平台的老师问我:明天上午,最后一次大人孩子在一起的课还可以带吗?我说:可以(因为已经做好了准备,这一次我不会放弃)。

我也分享了我的历程。所有的这一切,我孩子都看在了眼里。

第二天,我上台的时候,有伙伴要我孩子送水给我,他说:不用送了,让我妈妈在台上自生自灭吧。后来,我知道他也实在是太紧张了。

结果,第二天,我带课的效果比我预期的要好。我的伙伴们都说我是越挫越勇型的。

那一次所有发生的事情,我孩子都看到了,他后来还给我提了好多建议。也是从那件事情以后,我孩子总是跟别人说:遇到问题找我妈妈吧,她很厉害!而且,他也变得更加勇敢、有担当、乐观、自信!

我常常和孩子说:妈妈允许你犯错,妈妈相信你会在错误里成长,那一次孩子亲眼看到他的妈妈真的在错误里成长了。我想,这句话大概他真正理解到了吧。

陪孩子一路成长,有很多的细节,很多的温暖。我感谢我的孩子,在养育他的过程里,我也养育了自己。他是我的孩子,也是我的老师,希望我给他的爱成就他心里的家,能带他继续向理想飞翔。

我常常觉得温暖的是,哪怕是在我最焦虑的日子里,孩子都从未放弃把我看作是他的重要他人,他重视我,爱我。

感恩这一切!

林文采老师点评:

一、我想通过本文特别和大家讲讲青春期的孩子。这个阶段的孩子,特别想要确定自己的价值感。没有价值感的孩子死气沉沉,干什么都提不起劲,比较外向的孩子,还会因为缺乏价值感,变得暴躁易怒,什么都看不顺眼,也就是我们说的叛逆。其实,没有所谓的叛逆期,如果你像作者一样让孩子收到你对他的接纳和重视,他天性中的价值感之花就能开放。

二、对少年来说,倾听就是重视,说教就是批评,就是不信任,就是不尊重。所以,对少年就要多倾听,少说教。当然,我们清楚地知道父母是爱孩子的,但是孩子一定要确定你重视他了以后,他才能听你的说教。所以,学习怎么倾

听孩子很重要。

　　三、什么是倾听呢？就是在孩子说话时，你要专注在他身上，脸上要表达出你是在很有兴趣地听，嘴巴要闭起来。一边专注地听，一边在重点时点点头。不能在这时候反驳、教导、发表自己的意见。

　　四、倾听时父母要问自己：他想表达的感受是什么？然后可以说：我听到你很愤怒，很焦虑。我看到了你在害怕。原来这事让你难过了。单单描述孩子的感受就可以了。

　　五、一旦孩子的感受、情绪被看见了，他就能安静下来，听你要教导的东西了。孩子之所以在你教导他时顶嘴反驳、故意翻白眼，是因为他觉得自己没有被倾听、被重视、被接纳。

七年，用心理营养养育自己和孩子

梁海燕

> 夫妻矛盾、孩子胆小、拘谨、被欺负、情绪管理、全职教育孩子、五朵金花的绽放

2012年，我的孩子在我们当地一所私立高端的幼稚园上中班了。我开始为怎样教育他而思考。我看了很多书，各有千秋，却始终没有找到很好的办法。

当我看见儿子胆怯，不太会融入大伙儿，也不像那些爱动的孩子那样乐天，我就有点纳闷。当我看见他在和其他孩子玩玩具的时候，有几个比较强势的孩子挥起拳头打他，他和其他几个孩子就只会哭，别无办法，我除了心痛也无能为力。当他回到家告诉我，他害怕被欺负的时候，我也只会和一个五六岁的孩子讲同一个道理：那些孩子不对，但是我们也要忍耐、忍让一些，面对冲突，我们能避免就避免……

面对孩子间的冲突，我只能这样应对、教导。除此之

外，别无他法。多年以后，自己才知道这样一些概念和方法，比如力量感、一致性沟通、如何面对权威等。对我来讲，每一个都是重大课题。

2014年9月，孩子马上要读一年级了。在选择公立学校还是私立学校这个问题上，孩子爸爸说，中国的孩子还是要面对高考，要适应社会的，于是我们就选择了公立小学。

这个决定，让我真的焦虑了。因为我的孩子从来没有学过写字、算数；而且在幼儿园那三年，我和先生都忙于工作，从早上8点到晚上9点，基本上都是工作、工作、工作，缺乏对孩子的照顾和教育。先生和我在同一个地方上班，我们常因为工作的事情、生活的琐事而吵架，并且还当着孩子面吵，好像谁吵赢了，谁就是胜利者。我们都不知道，每次吵架，都会让孩子的安全感深受创伤。

2014年的暑假，我做了一个决定，不做职场上的工作人了，退居家庭，教育孩子。

这可是噩梦的开始。我发现自己真的很缺乏教育知识，不会和孩子亲密相处，很容易就对他生气，甚至吼他。然后，到了夜深人静的时候，我内心又很自责，一个人偷偷哭泣。

我不服输，教一个孩子有那么难吗？难道比我处理工作上的麻烦事还要难吗？凭着一股不信邪的劲儿，我继续看书学招，却总感觉自己没有弄明白其中的奥妙。

2014年10月，我从珠海飞到福州，上了林文采老师的亲子课。上课的第一天，我在朋友圈写了这么一句话：此生，不枉此行！

接下来，我学习了林老师的其他课程，亲密课、专业课，也走上了专业的心理工作者的道路。在这一个历程中，我发现了孩子的很多问题，其实都是我自己的问题。我不能接受小时候的自己，不能接纳不够好的自己，所以我也看不惯孩子，接纳不了他哭，接纳不了他只会哭的无能。

不记得有多少个夜晚，我都在难过和反省中度过……然而，有一个东西始终没有变，那就是：做心理营养！**我开始给自己做心理营养，给孩子做心理营养，也给身边的人做心理营养。**

我起来照镜子的时候，告诉自己，新的一天，我要好好爱自己，爱家人。我给自己、给孩子煮的每一道菜，都加入爱的调味剂，用心地烹饪。每一个清晨及孩子放学的时候，我都坚持给他一个拥抱，即使当时我的身体并没有太多的感觉，但我不排斥这种爱和被爱、抚触和接触的亲密感觉。

以前我和先生很容易吵架，一听到他说一些刺耳的话，整个人就炸起来。后来，我每天画冰山，每一次吵架，我都自动跳水，让自己冷静。意识到他的期待和渴望，我能满足的，就尽量满足；我不能满足的，就沉默不说话。因为我还不是很有力量，无法做到一致性的拒绝或者表达自己。

随着心理营养的一点点灌溉，我的个人问题，在一个坎一个坎地过去。渐渐地，我也开始变得有力量了。那个感觉是真实的，内在不是空虚的。我可以有力量地表达自己，各种关系都有了很大的改善，亲子关系更是别人所羡慕的。

经过七年的心理营养灌溉，我的儿子进入了青春期，个头已经有我这么高了。我对现在的亲子关系还是挺满意的。孩子可以和我谈天说地，可以在我面前真实地表达自己的想法，包括对我表达不同和反对的意见。这些都是生活常态。至于很多人说的青春叛逆期，我压根没看到，自己觉得很庆幸、很感恩。

下面，我按照心理营养五朵金花的顺序，来说说孩子的改变吧。

一、安全感之花

我的孩子，从小谨慎、胆怯。自从给了他心理营养，他的安全感不断地被补足，很能够相信别人和自己。记得一年级暑假里的一天，他在车里睡着了，爸爸要去税务局办事，以为很快就可以办完，就把他关在车里，让他睡一会儿。谁知道爸爸半个小时之后才回来，而车的窗户上已经划了几条深深的痕迹。

事后，我问，儿子，当时怎么啦？你害怕吗？

儿子说，当时我在车里等了好久好久，天气有点热，我感觉有点气闷。我当时就想，我一定可以想到办法救自己的。于是，我找遍了车里，看看有什么东西可以帮助我撬开车窗或者车门。最后，只怪爸爸的车里太干净了，只找到了几只笔。我用笔撬车窗缝隙，想用笔划破车窗。我还把自己的衣服脱了几件，然后捂住嘴巴，小口小口地呼吸。我有一点点害怕，但是我知道，爸爸妈妈一定会来救我的，我会坚持住的。

我说，儿子，妈妈真的很欣赏你能够机智地想办法，并且相信自己一定能逃生……

儿子说，妈妈，我相信自己一定能够想到办法，我相信自己一定能够活下来，因为有你这样的妈妈。

二、联结之花

因为他自小比较谨慎，我就常常鼓励他，你可以走过去看看别人在干什么，或者如果你愿意，你也可以和别人打个招呼。为此，我会特意给他创造很多锻炼的机会。

从他二年级开始，每一个暑假、寒假，我们都出去旅游。一开始，我让他和飞机上的空姐沟通，例如帮妈妈拿杯水，帮妈妈问个事，他总能和空姐、乘务员打成一片。他那双扑闪扑闪的大眼睛，总会吸引很多人的欢喜。慢慢地，他与人沟通就越来越大胆了。

再过一段时间，我就变成一个"低能"的母亲。我会让孩子帮我买高铁票、机票，然后让他帮忙推行李。到最后，我会让他策划旅行路线，看看怎样吃住最省钱、最便捷。他的表现每一年都在进步。现在很多时候，我只要给他排出我们的时间，他都会带着我和爸爸一起走。

在学校里，在班级中，每一年的文艺活动的主持、升旗活动主持，他都积极报名参加，并且能比较胜任。

三、爱的能力之花

他是个节约的人。他主要的经济来源，是考试得分的奖励和压岁钱。他平时很抠门，却愿意为我们，为奶奶、外婆、姑妈很大方地购买节日礼物，包括生日蛋糕。每一次，他都会从他的钱包小心翼翼地抽出红色的人民币，叹息说，唉，我又没有100元了，这是我两个100分换来的，看来，我还是要考试认真点……

奶奶说，你是我最小的孙子，买蛋糕这么多的钱，不应该由你来出。

我儿子说，奶奶，就是因为我是你最小的孙子，我才应该做呢。奶奶年纪大了，所以，我能为您做的，都应该做，来表达我的心意。况且，我是有能力挣钱的，奶奶，我只要努力学习，认真一点，那么多大考小考，其实我还是能挣一点小钱的。

奶奶总是很欣慰地看着他，夸他有孝心。

四、价值感之花

爸爸说，儿子，最近你们数学老师每天都在班级群里公布哪位同学的作业做得好。我看了一周，都没有你的名字哦，你不觉得你这位曾经的数学课代表有点不好意思吗？

儿子说，爸爸，那是你的看法，不是我的认为。现在都六年级了，老师表扬谁的作业做得好，主要是鼓励那些差生。况且，学习成绩好不好，不是靠写作业，考试才是真的。别人不会的，你却懂，才是真的。

我说，儿子，你真的不管班级群里其他同学和家长怎样看待这个事情吗？

儿子说，不是完全不在乎，只是这个事情不用看得那么重要。就如我主动辞去数学课代表，辞了又怎样，我的数学成绩还是稳稳地位列前一二的，现在别人有争议的题目、不懂的题目，都来和我讨论，这就够了。这证明我的答案大多时候还是被认可的。

儿子的一席话突然让我感觉自己问得过于多余和苍白。

五、独立自主之花

关于外出旅行，他是半个老司机了。关于家务活，虽然他是个男生，却会做很多。从三年级开始，自己坐公交车去上培训班，风雨不改。偶尔，我们会接送一次。

很多事情，为了让他有更多的体验，只要没有伤害他人，没有伤害自己，大多情况下，我都是把选择权交给儿子，十分尊重他的选择。这样一来，他越来越有主见，不会人云亦云；而我的话，也更有分量了。

此外，还有另一件让我感动的事情，是他面对权威的态度——不再惧怕权威了。

有一次，在公交车上，他说，妈妈，你小时候有没有试过指出老师的错误呀？我说，好像没有发生过这样的事情哦，怎么啦？儿子说，妈妈，昨天在数学课上，听老师讲一道题，我发现她讲错了，好多同学都不懂那道题，她讲错了，思路和答案都不对。后来，我站起来说，老师，这道题不是这样做的。于是，我走到讲台，把这道题目的解题过程写出来了。

我说，哦，还有这样的事情呀，然后呢？儿子说，然后老师说我做的是错的，否定了我的答案。下课后，我又到她办公室和她解释。今天上课，老师对全班同学说，我的解题方法和答案是对的，昨天她一时糊涂了，搞错了。

我说，哦，这么厉害呀，儿子！我好佩服你哦！你当时是怎样想的？儿子说，我就是觉得如果我是对的，为什么我不说？虽然她是老师，不代表她一定是对的，而我一定是错的……

那一刻，我看见一个追求真理的孩子，他的内心纯真善良、质朴简单。

同年期末，儿子回来说，妈妈，我们数学老师辞职了。我问，哦？发生什么事了？儿子说，不知道，不确定的事情就不说了。徐老师其实是个好老师，虽然她真的年纪大了，眼也花了，也有过讲错题的时候，甚至还批评过我，说我不听课，不按照她教的方法解题……但是，她真的是个好老师，我看见她在放学后给差生补习，苦口婆心地给他们讲解，她将更多的心思用在差生身上，没有很多时间关注优等生。看她每一次戴着老花镜一本正经地改作业，就知道，她是个好老师。

我说，哦，儿子，你观察得好仔细啊，同时妈妈好欣赏你能够明辨是非……

儿子说，明白啦，我都多大了，其实从三四年级开始我就懂了，只是没有表达出来而已啦……

今天，回头再去看自己的人生，真的觉得好像是一个逆转。我从没有想过，养一个孩子可以是这样轻松的。在别人看来，我家的孩子没有学习压力，每天都是快乐的。青春期将至，亲子间还能牵着手，有说有笑，能特别愉快地相处。

我知道，其实我没有秘诀，如果说有，那就是在每一天一点点地用心理营养养育他而已。

养育一个孩子真的亦难亦易。在做父母的征途上，每条路可能都有很多插曲，有的和谐，有的喧嚣，但是我想，只要有心理营养的陪伴，沿途的风景一定是美丽的，而且值得回味！

林文采老师点评：

一、我常说一句话，如果养孩子养到披头散发，大概就是方法错了。本文讲述的是作者用了七年时间，用心理营养养育孩子，帮助孩子顺利释放了人类本来具有的天性，也就是我们常说的五朵金花。简单来说，不是我们教育了孩子去爱、去与人联结、拥有独立自主的能力、拥有高价值感和安全感、能够相信自己，而是父母用心理营养养育孩子，孩子就像植物有了阳光、空气和水一样，就能绽放出自己的美丽。

二、文中提到作者本身也有很多问题，通过画冰山，慢慢处理了自己的问题，这样才能顺利地把心理营养做在孩子的身上。什么是"冰山"呢？冰山其实是家庭治疗学派萨提亚的一个隐喻理念，是用海上漂浮的冰山，来解读一个人看得见的、水面以上的外在（行为、语言和情绪），和看不见的、水面以下的内在（感受、想法、期待、渴望、自我）的关系，可以用图画来表示（见图1）。

练习画冰山，就是每次孩子有你不喜欢的行为时，先安静下来画个冰山，看看孩子这些语言、行为的下面发生了什么，这样我们就能够了解孩子，有助于我们把心理营养输送

冰山隐喻
（人）

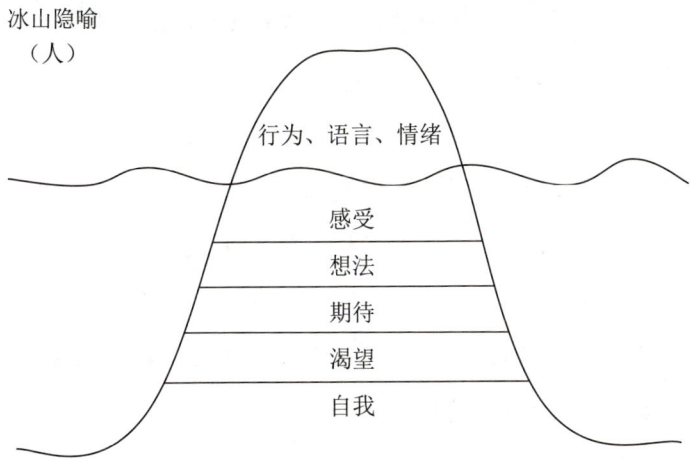

例：孩子撒谎

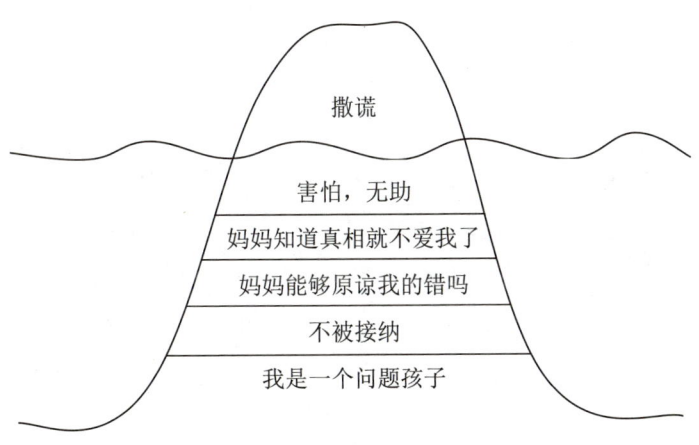

图1 冰山的画法

给孩子。否则，一些本身缺乏心理营养的父母，会觉得很难把自己懂的知识用在孩子身上。

三、说到这里，有一件事我要再次提出：我们除了要给孩子做心理营养（这就是我们常说的只做一个），还要常常记得三件事不能做：1.不说伤孩子自尊的话。2.不说羞辱孩子的话，不让他觉得没面子。3.尽量减少自己的焦虑。

记住三个不做、只做一个，你就能轻松养育出健康快乐、五朵金花全开的花样少年。

胆怯孩子的成长

兰 心

> 害羞、胆小、自卑、敏感、被欺负不敢反抗、父母期望值高、母亲焦虑、个人成长课、全职陪伴、无条件接纳、心理营养的实践

一、孩子怎么了？

当我拿起笔，准备回顾我家的心理营养故事时，眼眶竟瞬间发热。时间退回到4年前，眼前浮现出那个特别害羞、胆小，甚至自卑的4岁小女孩，我的女儿安琪。她那么美，手非常巧，心思细腻聪敏，却觉得自己很不好，觉得自己什么都不如别人，在人群中最怕被人关注到。她希望老师最好不要注意到她，最好不要问她问题，拒绝与老师互动。但一旦她信任某个老师，就会时时想要得到其关注，并获得其专属的爱，否则她就会马上觉得自己不好。如果我无意中赞美谁某件事做得很好，无论是成人还是孩子，她马上会对我抱

怨，说妈妈觉得她不好。

是的，4年前，我的女儿就是这样一个孩子，而我也有很多的焦虑，可怕的是我不知道自己焦虑，更不知道我的焦虑对孩子的影响。孩子在家里很活泼，和妈妈无话不说，一出门就很害羞、胆小，怎么引导都没用。我当时不知道这一方面是因为天生气质，另一方面也和我在早期陪伴严重不足有关。

从女儿进幼儿园开始，这个问题就让我头疼。问题最严重的时候，是先生2016年年初去K国工作后，孩子很少能见到爸爸。孩子当时5岁多，越来越胆小，有时因为不能交到稳定的朋友不想去上学，在交友中非常被动，甚至被好朋友咬也不敢反抗。当我知道后，好心痛。孩子到底怎么了？

而在这种失衡的家庭关系下，我的状态也很糟糕，一边要应付不断变化和高输出要求的工作，一边要照顾孩子，在这个局面中饱受困扰，很是压抑。

二、转机

2016年年底，我在最彷徨的时候，因为朋友介绍而遇见了林文采老师，并在福州上了林老师的个人成长课。课堂上我交到好运，意外被抽中，做了一个关于选择的小个案，突然解开了自己最困惑的人生方向的谜题。

大概半年后，我做了一个重要的决定，辞职回归家庭，陪伴孩子和家人。这也是对自己的回归，拿回时间主动权，开始人生下半场。这是一个很难的决定，意味着失去独立稳定的经济收入，而且不只是短期的，可能会产生长期的影响。这对我来说是非常具有挑战性的，因为对于忧郁型气质的我来说，自由和独立自主是命根子。我主动放弃了经济独立的权利，这曾是我在亲密关系中的安全感来源。

如今回想起来，当时的选择对自己安全感的提升效果还真是杠杠的。在林老师的个人成长课上，我重新认识了自己的原生家庭，修复了和父母的关系，挖到了自己的宝藏，开始给自己一点点地提升安全感，可以一边害怕，一边尝试。我想到，如果某一天，由于生活所迫需要我重返职场，这些年一步一步的经验和能力积累，肯定不会让我没饭吃。但是，在进入林老师的课堂之前，我是不敢这样想的。

我辞职后，孩子的爷爷奶奶回老家过退休生活，我开始自己带孩子。那时女儿5岁多了，我有了更多的时间和孩子在一起，也终于有机会可以带孩子到K国和爸爸团聚。一家三口，在K国生活了3个月左右。这是我们第一次过小家庭生活，我在家陪伴孩子，先生会按时上下班。我们一家三口一起去超市，一起做饭，饭后一起散步，先生陪孩子玩乐高。

遇到小假期，先生就提前规划出行，带我们自驾去周边的一个个城市，或者其他国家……这看来很普通的家庭生活，在以往是难以想象的。现在想来都非常感慨。我们这个时代的成人，常常工作忙成狗，忘记了生活的本质，忘记了自己在家庭中的角色和功能，夫妻不是夫妻，而是肩并肩战斗的工作伙伴，而承担这一切错位后果的是孩子。

也就是在这样普普通通的正常生活中，我作为一个正常的妈妈陪伴她，并创造机会让爸爸可以陪伴她，我看到孩子一点点在变化。孩子慢慢地不再像以前那样黏妈妈，可以自己安静地在另一个房间玩乐高，和娃娃说话，讲故事。孩子不再害怕爸爸，可以向爸爸要求这个、要求那个。看着他们在旅行中的默契步伐，我知道来自爸爸的这份爱和陪伴，对于她是如此重要。在旅行中，我看到她居然可以和服务生以及碰到的外国友人开心互动，虽然还是有点害羞，但是不再退缩，知道如何去回应了。

这几个月在K国，和爸爸妈妈的一起生活，对孩子来说有太多美好的回忆，至今回想起来，她都会说，我很喜欢K国，我希望有一天还能去那里看看。她可能不知道，不只是因为K国是个对孩子友善的地方，更是因为那时爸爸对她的肯定、赞赏，对她的陪伴，并给予了充足的时间和爱；也是因为妈妈情绪愉悦，爸爸和妈妈的关系和谐，使得她有了稳稳的安全感。要知道，还有很多和我们状况类似的家庭，爸爸因为工作实在太过忙碌，没有时间陪伴孩子，妈妈和孩子一样是三缺一的状态。

三、灵魂拷问

如果她就是一个普通的、甚至看起来平庸的孩子,你还会一如既往地爱她吗?

孩子6岁了,要决定在哪里上学。就在我们踌躇满志,准备孩子的小学入学资格时,我们遇到了意料不到的冲击。

在父母眼中,孩子总是聪明伶俐、可爱优秀的。而当我们去面试一所私立学校时,孩子被拒绝了,原因是孩子认知储备不足,互动不够积极主动。我和先生备受打击,要知道我和先生都曾经是老师的宠儿,学霸中的学霸,我们的孩子怎么可能在学习上不优秀呢?

事实上在这之前,我们都没有太多关注孩子的认知需求,没想过这个方面需要担心。不过我的确注意到孩子的数学敏感期一直没有出现,倒是呈现出比较明显的艺术特质。

这样的状况让我两天都没有回过神来。作为补救措施,我们开始尝试给孩子做一些认知上的辅导,但都不是特别顺利。我突然发现,我们的女儿和我们如此不同,也许未来也不可能像我和她爸爸那样有出色的学习资质,也不像激进型或乐天型孩子那样主动热情招人喜欢,也许她注定就是一个很普通的内向孩子,我会接受这样的她吗?我还愿意像现在这样爱她吗?我不禁潸然泪下。那一刻,我突然意识到我对她是有一些不低的期待和要求的,而我是不愿承认的。那些无形中困扰我的焦虑，原来就是来自这样的期待，而孩子就一直无形中在承受着我这样的期待。

那个晚上，我和先生有了一个共识，那就是尝试接受我们这个孩子就是一个普通孩子的事实，也许她有其他的资质未来会展现，但眼下她就是这样一个孩子，或许未来也一直是这样。于是，我慢慢放低我的期待，在接下来的辅导中，我尝试接纳她的慢和她与我们的不同。

在这个过程中，我对心理营养有了新的理解，尤其是肯定赞美认同和无条件接纳，原来我对孩子的接纳和认同是非常有限的。而这个发现，对于女儿以及我们的关系来说是非常重要的。

四、小花初绽放

女儿是幸运的，一所比较包容的私立学校接收了她，更幸运的是，她遇到了一个非常好的语文老师，懂孩子，爱孩子。语文老师无意中在学校给了这个班的孩子很多的心理营养，而我在家里给孩子心理营养。我和这位老师常常探讨，互相给予反馈和建议。在这样充足的心理营养的养护下，女儿每天都是很开心地去上学。即便学习拼音对她来说是很崩溃的事情，她仍然愿意一边哭，一边完成语文老师布置的作业，因为她想得到老师的表扬。正是因为老师对孩子在刚开始写字时的有力引导，她从原来抗拒写字，发展到主动认真写好字，这样就可以在同学面前得到老师的表扬。她现在的字写得不错，就是在一年级打下的基础。

一个学年过后的暑假，我送孩子跟着一个同学去学国画和书法。她原来一直拒绝在外面上课，因为害怕陌生环境。我起初担心她在国画班里有压力，在课后问老师她的情况，我家孩子是不是在课堂上不敢表达自己？老师很吃惊地看着我，你家女儿是叫安琪吗？我说是的。她笑着说，她才不是你说的那样呢，很积极、很活跃；她会和我讨论小辣椒的画法，指出我画的跟讲的不一样；而且她很专注，作品完成度很高。听了老师的反馈，我真的很意外和惊喜。

上了二年级之后，新的考验来了：老师全换了。语文老师是一位新的老师，刚开始不太会像之前的老师那样鼓励孩子，对孩子要求略高。女儿开学那段时间写作业，常抱怨说，老师批改作业时，再也没有"爱心"（符号）了，也很少表扬我们。而一年级的语文老师在批改时，会有很多很温暖的互动符号。孩子感受到新老师更愿意提出要求，很少给予孩子肯定。我知道，这个时期对孩子有点难，但同时也看到这是一个培养孩子适应能力的机会，就拿出更多的精力和时间来陪伴她。我说，也许老师不知道原来孩子们是需要表扬的，也许因为她刚刚来到这个学校，有点紧张，还需要适应一段时间。

这时，我看到她的情绪安定下来，说了一句让我佩服不己的话：嗯，也许她也很少被那样表扬吧，不过，至少她没有骂我们，有的老师会骂人呢。说真的，孩子的共情能力、适应不同老师的能力，在这个学期经受了很多的磨炼，有了进步。我也在私下和老师沟通时，有机会就肯定、赞赏和接纳老师，因为老师也需要心理营养。

我有两次因为孩子的拼音和认字问题，去和老师沟通，发现这位新老师进步很快，对孩子的接纳程度也是与日俱增。老师和我分享道，不要只看到她在学习上的慢，每个孩子都有优势和劣势。她是班里最稳定、最没有情绪问题的孩子，有界限，善于合作，人际关系好，非常有自己的想法和立场。说真的，听到老师这样反馈，我都会有一种不认识自己孩子的感觉。说到底，还是因为我对孩子暗中有很高的其他方面的期待。而老师的这份认可，让我有很多感动和反思。

随着女儿一天天成长，她的内在力量也在无形中增长。女儿在面对问题和困难时的决定，常常让我刮目相看。二年级上学期，在她身上发生了一起校园小霸凌事件。我本来还准备冲上去帮她做点什么，结果她居然用自己的方法和人家化解了。对于一些害怕去做尝试的孩子，我以为她真的会放弃，结果就在我准备接纳她的任何决定后，她决定尝试。同时我发现，在她擅长的艺术和手工艺创意上，她可是自信得很。艺术课老师非常喜欢她，对我说起孩子的艺术创意和对艺术的热爱时，赞不绝口。所以，她真的不是一个不自信的孩子，只是在其他方面，她还没准备好，或者那些不是她的强项。

我能看到这样一个孩子，有很多独特的品质，内在力量在一点一点增强，开始去学习表达她的需要，常常会主动要我表扬她。妈妈，你看，我今天第一次画这个，你看画得多好；妈妈，L让我不要和T玩，我没有同意；妈妈，今天我要请你吃饭，因为我爱你；妈妈，我把衣服都晾完了……我非常开心看到今天的她，为她感到高兴！是的，她还是会害羞，不会主动大胆去要什么，但是和之前相比，她真的是变了，变得更自信，更有勇气尝试，清楚知道自己要什么，更愿意去表达爱，甚至开始表达自己的需要了！

五、关于心理营养，我们做了什么？

今天，回顾这3年多来学习心理营养后，我和先生做了些什么，无数的回忆一个一个跳将出来。如果要说重要的部分，有这样一些吧。

1. 无条件的接纳

就像前面的历程所述，有一天真的发现这个孩子不是我们期待的那种花。我放下了那份期待，愿意遵循她的节奏，让她开出自己的花，也相信她会有自己的精彩。

我发现在跟随林老师学习后，这3年里，我对自己的无条件接纳有突飞猛进的进步，而这部分也同样会做给孩子。孩子做作业有情绪，会被接纳；孩子拼音总是学不好，会被接纳；孩子认字达不到老师和我的期待，也会被接纳，一遍不行再来一遍，今天不行明天再来；孩子喜欢玩，不喜欢做作业的情绪表达，也可以被接纳，只是会约定规则，我们需要至少先做哪些，妈妈可以帮助孩子什么，不能完成作业的结果孩子清楚后是否可以接受；等等。单单无条件接纳这个部分，就对孩子的情绪起到了很大的稳定作用。

2. 肯定、赞赏、认同

安琪有一次很清楚地告诉我，她是很需要鼓励的，希望我们能多给她肯定和鼓励，尤其是妈妈，因为我对她很重要。我很感谢她这样清晰地告知我。

我和她一起约定了庆祝的身体语言，对她勇于尝试的行为，比如开始学习一项新的运动（原来有抗拒，害怕做不好）、克服紧张和害怕情绪上台去回答问题为小组加分，我表示了肯定和欣赏。我告诉她，妈妈看到了她即便害怕，还是愿意去尝试，这就是林老师教给妈妈的一边怕一边做，这非常了不起！因为我的肯定，她还喜欢上了摄影，她在6岁的时候就扛着几斤重的单反相机，在欧洲旅行时拍了很多不错的照片，很多成人看到她稳稳地拿着一个和她头一样大小的相机在拍照都觉得不可思议，而我相信她是可以拍好的，结果证明的确如此！信任和肯定的力量真是无穷的！

3. 生命至重（重视）

林老师在亲子课上一直强调，重视是需要用时间来做的。我想我对孩子最大的重视是，调整了我生活的重心，把更多的时间从职场上取回来给了孩子。

在生活中，孩子特别希望我和她有单独的一对一的时间。以前我喜欢带孩子在海边骑行，但是这一年常常太忙，安排不出合适的时间陪她骑车。在上元旦亲子导师课之前，因为装修等很多事情，时间真的很紧张，我连准备功课的时间都不够。但是想到要离开5天，而她一直希望我能陪她玩，我就专门抽出一个下午的时间，准备好自行车，带她去骑行，就我们两个人。她知道我特地安排出了时间，感受到她对于我的重要，这一路上非常满足，和我畅快分享她的发现、喜悦和困扰。我们的关系因此更为亲密了。

4. 安全感

我可能有一个天然的优势，就是情绪管理得还不错。但是也有一个天然的劣势，就是忧郁型的天生气质。因为严肃认真，孩子就会觉得妈妈的语言或者表情不够柔和。学习了心理营养后，我开始注重和孩子的沟通方式，我会请她做我的反馈者，她说了，我就马上调整。而无论孩子的情绪怎样，我都对事不对人，愿意包容她的情绪，不会和她的情绪共生，愿意陪伴她的情绪过去。虽然有时候我也会有情绪，但是我会告诉她，我怎么了，我的情绪如何，和她没有关系。这样，我就可以成为一个稳定的妈妈，她在我这里感到足够安全，什么话都可以和我说。如果她感觉到我可能对她有不满的部分，她就提出来，我会和她核对并解决，该道歉的就道歉。因此，我们可以是安全的朋友和母女关系。

在夫妻关系上，当时选择和先生团聚，使得孩子可以感受到和谐的父母关系以及来自父母的爱，对她是非常有意义的。而如果我和先生因为不同的意见有一些言语上的冲突，事后也会告诉她，我们只是意见不同，和她没有关系，并询问她的看法和建议。这样她就会安心，然后愿意分享她的看法。

除此之外，在她5岁之后，我自己带她时，尽可能让她做力所能及的事，如果她暂时做不到，我就等待。比如骑自行车，在她5岁半时，我取掉了平衡轮，她有点害怕，但是还是学会了，不过后来又不敢骑。6岁时，我感觉到她准备好了，鼓励她再次练习骑自行车。开始她仍然有点害怕，我相信她完全可以做到，结果不到半个小时，她就学会了，而且很快和男孩骑得一样快。她因此很自豪，因为同龄孩子很多不敢骑两轮自行车。但是，在独立睡觉这件事上，因为幼儿期我们的陪伴少，孩子的安全感不足，我也愿意遵循她的节奏，一步一步，从分床，到分房，从一整夜陪伴，到陪伴入睡后离开。现在，我希望她能够自己入睡，不用妈妈陪。但是看到她没有准备好（大哭），我就告诉她妈妈愿意等待。她马上平静下来说，也许我可以在外面客厅陪伴。这样的接纳，给了她更多的安全感，也让她更有力量和信心去尝试。

5. 模范

跟老师学习了心理营养后，我深知，希望孩子怎样，不如自己先变成那样的人。我一直希望孩子能够更有勇气展现自己，但我自己其实也没有太多机会，让孩子看到我的这一面。前年暑假夏令营，最后一个环节是一台晚会，带队老师在车上就招募家长做主持人。我其实主持经验很少，也是怕在公众面前表达的人，所以开始我不敢报名。这时，孩子看着我，似乎很希望妈妈上。我突然转念，这不是一个很好的机会吗？可以让孩子看到妈妈虽然怕，但是愿意去尝试。于是，我就在忐忑中举手报名了。而那个晚会，我居然主持得还不错（当然要求比较简单），孩子非常开心和自豪。而同时，她居然也非常愿意上台表演舞蹈，一点都不扭捏，像花朵一样绽放。这就是模范的力量！直接做给她看，比仅仅说效果好太多。

六、结语

就这样，我从2017年学习心理营养开始，每天一点点，有机会就给孩子做，也给自己做，给先生做，给父母做，给公婆做，给老师做，一点点加深对心理营养的理解。孩子越来越阳光，越来越自信，就连最硬核的我的老父亲也开始软化，这就是心理营养的神奇之处。

我三年来的实践体会是，"三个不做、只做一个"，这八个字太精辟、太好用了，而这五个心理营养对谁做都有效，谁都需要这样的营养！

回顾这段历程，因为孩子，我从职场转身，开启了人生下半场；因为她，我开始再成长，成为现在的我：稳定而自信，能接纳有所不足的自己，成为这样的妻子，这样的妈妈。

林文采老师点评：

一、这篇文章仔细描述了五大心理营养是怎样做的，特别是安全感怎么分三个部分来完成。大家看完文章中实际操作的部分之后，我再深入讲一些要点。

二、安全感的第一个要点，就是妈妈的情绪需要稳定。稳定不是没有情绪，而是不会无缘无故歇斯底里，让孩子根本不知道怎么对妈妈的情绪做出反应。所以，妈妈需要学习情绪管理。万物有情，唯人独多。人类的情绪，天生就比其他生物更多，所以情绪是天生的，没法除去。但是，情绪管理却是可以学习的。如果妈妈觉得自己不能管理自己的情绪，无故失控，那就是因为内在的情绪垃圾太多了，需要学习去释放情绪垃圾。释放的方法如下：

1. 用文字等方式把情绪释放掉。通过说话、书写和画画来表达情绪，这个方法在日常生活中很适合，也特别有效。

2. 把情绪转化成动能。最好的方法是玩游戏、跳舞，参加竞赛类活动和打沙袋等各种运动。凡是有动能的都可以，越刺激越好。

3. 把情绪转化成声能。最好的方式当然是唱歌，没法唱歌，可以去对着山或海大喊大叫。大自然对人类有惊人的包容力。

4. 这里想要告诉大家，情绪释放的要点，是让肌肉能一紧一松。这样隐藏在肌肉里的情绪能量，才能释放出来。所以任何冒险、刺激和恐惧，其实都是能释放情绪能量的。

三、如果学习了情绪管理，结果还是不好呢？那么就要看看自己以下的几个要点了：

1. 你和父母的关系如何，是否很纠结？这是个人情绪不能自我控制的一个原因。下决心要处理关系，给父母做心理营养永远有效。

2. 你的人生旅途中，是否有没有处理好的创伤事件？是否受过身体或感情上的伤害？如果有的话，情绪也会不稳定。

3. 你本身在成长中，是否获得过足够的心理营养呢？心理营养不足的人，情绪也会不稳定。所以，发现自己做父母很难给自己的孩子心理营养时，也许可以先学习给自己心理营养，也就是先无条件地接纳自己，重视自己，相信自己，天天肯定、赞美自己，自爱自重。

四、安全感的另外两个要点，来自父母的婚姻关系，和尽量让孩子动手做他力所能及的事。这两点如何去做，已经在文章中重点表述出来了，请大家多思考、学习吧。

有趣的心理营养宝宝

张兆凤

> 最初的母子分离、月嫂的职责、母乳喂养的取舍、安全空间的营造、允许孩子哭、一定的"武力"、适当的满足

我跟随林文采老师学习萨提亚家庭治疗，做心理咨询师，做亲子导师，也快10年了。感谢国家政策，我们要了二宝。

到二宝出生时，我已经学习了心理营养，我决定从孩子出生开始，就用心理营养养育这个孩子。现在，我来分享一下用心理营养养育宝宝是怎样的一个过程吧。

一、0—3个月，无条件接纳、重视

在产房生下她时，按说2个小时内，孩子应该在我怀里，我知道这是孩子最需要感受无条件接纳、重视，也是最需要我的时候。可是，当时另外一个产妇出现情况，医护人

员顾不上我。我和孩子是分开的，孩子在婴儿床上一直哭，我自己还在产床上不能动。我就慢慢挪动自己的身体，尽量伸着手去碰她的身体，终于，我的手指可以碰到她的脸了。我就一直慢慢碰触她的脸，嘴里说着，妈妈在，妈妈在，不怕，妈妈在这里呢。就这样，我们两个度过了她来到这个世界最初的2个小时。

回家后，月嫂的主要工作，本来是帮我照顾孩子，换尿布、喂奶，哭了拍拍、抱抱。我对月嫂说，你的主要任务是照顾我，给我做饭、洗刷，帮我拿东西，能给我做做按摩更好。孩子的所有事情，我都要亲自做。你帮助我就可以了，照顾孩子不是你的主职。孩子需要和我联结，我是她的妈妈，我是她在这个世界上最重要的人，她需要感受我的味道、我的语言、我的动作。如果孩子熟悉了你的语言、你的动作、你的气味，你走了，孩子就不适应了，这对我的孩子不好。我什么都让你干，我自己不做，你走了，我自己起步，手忙脚乱，这对我也不好。

于是，我家的月嫂经常去厨房喝茶。

1个月后，月嫂对我非常感激，说学了很多东西，并且说，这是她做月嫂最放心离开的一家。

在孩子最初的100天里，孩子不吃我的奶，因为奶水少，吃不饱。我非常想让孩子吃母乳。于是，每天上演母乳、奶粉的纠结大战。我急得要崩溃了，孩子哭得撕心裂肺。我知道这样不行，就去问老师。老师说，没事的，好多孩子都是这样，吃奶粉也没事的。师姐说，你只要把心理营养做好就可以。我自己静下心来想，要给孩子做无条件接纳，你连孩子不吃母乳都接纳不了吗？就一下子安静下来了，是的，她就是饿，母乳就是吃不饱。她不能吃又快又足量的奶粉吗？可以的。这是她的需要。你可以接纳吗？

这一关一过，天下太平了。

重视的心理营养，我是牢记的。哭了，要第一时间去看、抱、安慰。以前总是说，月子孩子不能抱。我知道有一部分原因是，孩子的身体是软的，脊柱还在发育，怕影响孩子的骨骼形态。

我想的办法是，用比较硬的平面椅垫放孩子，连垫子和孩子一起抱。

这100天，孩子都是由我一刻不离地亲自照顾。当孩子4个月时，就可以在醒的状态里自己玩1个小时了，我就在一边洗衣服、看书。孩子非常安静，不会无缘无故哭闹。而且她一哭，我们就很容易解读她的意思，几乎百发百中。真的就应了林老师那句话，养孩子有什么难？

二、4个月—3岁，安全感

因为之前两个心理营养打的基础比较好，所以，孩子的状态是非常稳定的。

我们是在她会爬的时候，特别给了她足够安全的环境，让她去体验不同的空间和物品。所有可能有危险的家具，几乎都撤出了她的空间。

给孩子提供足够安全的空间，我觉得是很重要的。这样，成人就不用严阵以待地看着孩子，盯着孩子的一举一动，且时不时就发出严厉警告，或者惊呼，或者互相埋怨：不行，放下，危险，会摔倒的，谁看的孩子，谁把东西放这里的……大人类似这样的一惊一乍，在孩子的心理上，常常会引发不安、恐惧、无措，也会影响孩子天生的专注力。

我们几乎是把所有的危险因素都降到最低。常常是，她在地上爬得不亦乐乎，我们该做饭做饭，该干活干活。有时她长本事了，会爬到厨房和厕所。我们也只是笑笑，再把她抱出来。

这样，她反而慢慢发展出了对危险事物的敏感性。她在上下楼梯、上床下床、爬高爬低时，都会喊我们帮忙。遇到危险的事，会直接要大人抱抱。走路、玩滑梯，她都非常小心。遇到危险，会自动躲闪。这就是老师说的，孩子发展出了适当的好奇心和冒险精神。

任何东西，只要她想碰触，就尽量让她触摸。得到很多的允许之后，她会比平常的孩子更加容易接受拒绝。说不可以的，她很快会放下。

她的模仿能力非常强，1岁10个月时，就可以自己拿筷子吃饭了。所有她能做的，我们都允许她去尝试。

良好的夫妻关系会带给孩子安全感。我们的婚姻有18年了，丈夫也上过林老师的四大课程，我觉得我们的夫妻关系是没问题的。可是，却偏偏在这个地方出了问题。爸爸不能听到孩子哭，不管什么原因，只要孩子一哭，爸爸就开始生气、埋怨，不问青红皂白地发脾气。这个时候，我需要集中精力来安抚孩子。爸爸不能给我安慰，反而是火上浇油般地指责、质问。这是最令我崩溃的，有时，我会反击回去。孩子就开始大哭，非常不安。有时会捂住我的嘴，不让我说话。老师说，孩子从1岁多就会去拯救爸爸妈妈的关系，这种情况在我家真实地出现了。

基本上，只要孩子不哭，我们夫妻是没什么问题的。我上课，他看孩子，我们一起走南闯北，带着孩子一起学习、上课。

后来，我和爸爸谈，孩子哭，是天生的宣泄情绪的方式，如果说我们要无条件地接纳孩子，为何不能接纳孩子哭呢？哭就是有情绪了，可能是生气，可能是害怕，可能是困了或是饿了。孩子可以用哭表达情绪吗？孩子可以哭吗？

结论当然是可以哭。孩子哭，不代表谁做得不好，谁没照顾好孩子。接纳孩子哭，允许孩子哭，哭的时候抱着她，让她哭完，再分析原因就可以了。

这个问题解决了，我们的夫妻关系也舒畅了很多。

不过，对孩子的照顾、养育方式的观念不同，确实是引发夫妻关系问题的一大因素。强调谁对谁错，争吵谁好谁差，会带给孩子非常大的不安全感。对孩子的心理营养的吸收、心理地基的打造，会起到完全相反的作用。我对这个部分有很多的思考。

不是孩子给夫妻关系造成问题，是孩子的问题引发或激化了夫妻关系中本来存在的隐藏问题，以及夫妻两人自我成长中未处理、未成长好的问题。

讲真话，当我情绪不稳定时，确实都是和我有未处理完的工作，或者夫妻之间的冲突有直接关系。因为孩子本身而引发我的情绪的事情是非常少的。反而是在很多挫败沮丧的时候，看到孩子的成长、进步，甜甜的笑容，我又有了很多能量去面对困难，勇往直前。

有时，在情绪控制不住时，我就抱着孩子，不想让她觉得妈妈不要她。有时吓着她了，我会马上情绪稳定下来，不断地反复安抚她。基本上，她都会很快就好起来。

不过，我们情绪稳定的情况，可以占到总时间的70%～80%。我们夫妻两人调整得也是非常快的。

孩子1岁10个月时，就开始出现了所谓的"可怕的2岁"。她经常是什么都是"不要""不行"……

孩子2岁的时候，出现了林老师讲的所有的反应。自己来，自己做，不要帮忙，又要帮忙。我们因为早就知道这种现象，所以也是一直跟着她的节奏去做。

可能是给的允许太多，反而有点溺爱了。我们发现之后，及时调整，温和坚持。小宝有时过分哭闹，为哭闹而哭闹，我就用"武力"解决。林老师说，打孩子是为了让孩子用身体记住，有些事和有些行为，是不行、不可以的！

这样做是可以的。不过，在孩子还小的时候，这是有用的；当孩子大了，就不好用，也不能用了。

所以，我用"武力"停止了孩子用哭闹达到她目的的行为。不过，每次我都说：我不喜欢你这样说话，你可以哭，哭完再和我说。你要什么？你怎么了？你哭的时候，我不和你说话。在和她说话时，我是抱着她的，有时我太生气，就打她两下。打她的时候，我头脑是清楚的。这样做，是为了阻断她哭的神经传导，不是非理性的失控行为。

到她2岁8个月时，家里出现了大问题，她也受到了很大的冲击。

一直陪伴她的爸爸住院了，我每天忙着去医院。本来，她和我可以安全分离的历程已经到了尾声。突然发生的状况，让她开始不安、哭闹，半夜会惊醒。我知道孩子的安全感被破坏了，我必须要拿出时间来陪伴她。

我在医院找了护工，在家里请了保姆，让自己从家务中解脱出来，只负责解决大事。这样做了2个月后，她的安全感终于补足了。

当时，我们需要提前送她去幼儿园，我知道这是最恰当的选择，却不是最佳的选择。这之前一直在做的安全感培养，这时起到了决定性的作用。孩子确实适应得非常快。过了几天，就没有任何哭闹了。在幼儿园里，她也有了自己的节奏，不盲目地跟随。

每次上幼儿园，我都感觉她知道自己必须去，没得商量，所以几乎没有和我说过不要去上幼儿园。不过，有两次她说，可以在家吗？我说，可以的，可以在家。她就高高兴兴地在家一天，第二天又很正常稳定地去幼儿园了。

我还有个感悟，要尽量地对孩子说，可以的，好的。如果你一直说，不行，不可以，不去满足她一些基本的玩乐、饮食，或者感情表达的需求，时间久了，你再和她说不可以、不行时，她就不好商量了。她会和你拧着来。相反，我们一直都是比较满足她的各种需求，当我们说不行时，她也比较容易就放下了，走开了。

现在，孩子已经满3周岁了，情绪稳定，表达清晰，人际关系良好，遇到问题，还常常给我滋养，妈妈，你怎么这么厉害！也常常对自己说，我就是很聪明的。她想吃最爱吃的糖，会和妈妈商量，一天吃一块；有时忍不住，可以吃两块，但从未吃过三块。看动画片，答应了看一集，就看一集，看完自己关电视。

我现在写稿子时，就告诉她，妈妈要工作，你要自己玩。她就在我身边玩各种玩具。过一阵儿，她就会过来说，妈妈，我想抱抱。我就抱她几分钟。然后，她就又可以自己玩了。

养孩子到今天，我无比感激林老师的教诲和支持！

依据林老师的心理营养育儿法养孩子，是轻松自在的。同时，还可以感受到很多很多对生命自我成长的喜悦和惊叹！孩子身上各个方面的发展，她的第一次、第一回……常常会引发我们很多的赞叹、惊奇、感动、喜悦，特别是小宝开始对我们表达她的爱的时候，我们会有满满的感动和喜悦！

我无比感激林文采老师的心理营养育儿法。在我的有生之年，在我抚养两个女儿的过程中，我感受着生命陪伴生命、生命点亮生命的喜悦，以及对自己这个生命的喜悦！

我的余生一定会尽我最大的生命能量推广、发展林文采老师的心理营养育儿法！为国家，也为子孙后代！

林文采老师点评：

一、这篇文章是比较特别的，记述了一个很熟悉心理营养的学生，而且是上完课后，还有机会生二胎，有机会亲自把所了解的理念运用在孩子的身上，养育了一个名副其实的心理营养宝宝的故事。

二、从孩子出生到现在3周岁，作者完全是跟着我的教导养育孩子的,我没有什么要补充的,就简单地讲两个理念吧。

首先,和任何的艺术行为一样,养孩子要心态放松一些,人的状态要松弛。这样孩子就不会害怕、紧张,否则,孩子看到妈妈为了她太紧张的话,是会过度焦虑的。其次,对孩子的原则是,小事放松点,大事就要抓得紧点。如果父母在小事上抓得太紧,遇到了大事,她就不听你的了。作者提供给我们一个很好的观察,就是在孩子的需要上常常说"好,可以"。你会惊讶地发现,她就会在你严肃地说"不"的时候,听你的话了。

三、孩子很快就要4岁了,她的认知能力也会开始发展,不再像之前只靠感官来学习了。这个时候,父母当然还是像之前一样,要用心理营养来养孩子。但是,父母还需要加上温和而坚持的力量。孩子在这个时候,很想了解这个世界和自己,通过肯定和赞美,她就能明白什么事情可以做,什么事情不能做。她需要通过父母的感受、想法和决定,来建立她自己的人生观,所以在大是大非上,要清楚地让孩子知道父母的态度是什么。最基本的态度就是:不伤害自己,也不伤害别人,如果有人要伤害我,我必须学习如何保护我自己。因为孩子的认知有限,所以当孩子不能理解时,父母需要用温和而又坚持的方式让孩子学习。温和,孩子就不会觉得愤怒或羞耻;坚持,孩子就能知道有可为,也有不可为。父母坚持的是自己的权力，不是坚持孩子必须做这个或者那个。孩子学习的是界限，父母可以有界限，不是什么都要满足孩子，孩子要学习尊重父母的界限，父母也要尊重孩子的界限。界限就是清楚什么是我的，什么是孩子的。

四、基本上来说，有了心理营养，孩子内在的力量是很足够的，她会随着成长，把这力量运用到发展自己的价值感上，活得积极健康。但是，永远都不能忘记，要常常接纳孩子，孩子只有活出自己，才是最快乐的。而在这个成长的阶段，免不了会犯错，会失败，会达不到父母的期待，会沮丧、难过（也就是孩子在无条件的情况下），请已经学习心理营养的父母，多多无条件地接纳孩子。

育儿先育己

黄友英

> 母亲暴躁、母子冲突、探析根源、情绪管理、接纳他人的有限、夫妻关系的调剂、一致性沟通

一、成功，但不快乐

我是一名小学语文老师兼班主任，有20多年的教学经验，是广东省阅读之师、佛山市优秀班主任，也是所在街道妇联的家庭教育讲师。我们家还是广东省首届书香家庭……

学校领导让我推荐一些家庭教育类书籍，我一下子就能推荐50本我读过的、觉得好的书。我的亲子阅读讲座很生动，我的家庭教育讲座深受家长们的欢迎，我也有办法让我的学生喜欢阅读。我和我的学生在践行小学六年"背诵十万字，写下千万言"的活动，我们制作了200多期的班报，我教的班级期末考试成绩都很不错……

可是，只有我自己知道，我并不快乐。最要命的是，

我很容易发脾气：对学生，严格有加，耐性不足；对儿子，开始强忍，忍无可忍就爆炸；对先生，一点耐心都没有，懒得和他说话，有时不得不和他说话，只要他听不清，再问一句，我就无名火起……

我不知道我的火气是哪里来的。于是，我开始阅读。我希望能在书里找到答案。阅读，可以让我暂时安静。可是，一遇到不顺心的事，火气又马上出来了。很长一段时间，我甚至暗暗责怪父亲——他把暴躁的脾气遗传给了我。

我读书的时候，是没有如此暴躁的脾气的。高中，我当了3年的班长，同学们多服我啊。大学，第二届班干部竞选的时候，我以最多票数当选为班长。我为什么会变得像今天这样，如此的不可控，以及让自己讨厌呢？

二、育儿，比教学生难

我能够教出那么多优秀的学生，怎么会教不好自己的儿子？我要用他的成绩，来证明我讲的是对的。

很小的时候，我就开始带他看绘本，培养他的阅读兴趣；很小的时候，我就开始教他背诵一些歌谣、诗词……为了让他多学些古文，我甚至千里迢迢，一个人带着他到山东参加夏令营、冬令营。

可是，儿子并没有成为我期待的样子：成绩优异，认认真真完成作业，安安静静阅读课外书，背诵国学经典，知书达理……

我觉得自己全身心为儿子付出，可是，他似乎一点都不领情，我们冲突不断。看看我写的这篇日记《不知自己做得对不对》，就能知道我们之间的矛盾了。

前段时间，天气冷，我又想快些到学校，所以早上就帮儿子穿衣服。今天，天气暖了，我把校服放在床头。"源，起床啦，自己穿衣服啦。"说完我就洗脸刷牙去了。他呼来叫去，我不管他，继续干自己的事。

我想起书上说的：认同孩子的感受。有好的感受才会有好的表现。

"你想让妈妈帮你穿衣服？""是。""妈妈没什么时间了，要洗饭盒，还要装水。你也大了，自己穿衣吧。"

声音依然没停，但他自己穿好了衣服。我在厨房洗饭盒、装水，轰的一声巨响——他重重地关上了房门。

我告诉自己：要冷静，要控制情绪。

他出来了，要我拥抱他。我抱了他一下，他又说你不疼爱我之类的话。

我放开他说，该做什么做什么。

这时候奶奶过来了,问他怎么回事,他发脾气。奶奶继续自言自语地说,是不是不舒服,要不喝点水?奶奶甚至动手倒水了。

他继续发脾气,还说我不疼爱他什么的,竟然还说,你上天堂吧。我轻轻打了他三个嘴巴,他哭了,进了房间,奶奶没听到他说什么,又去呵护他,还给他倒水。他继续哭闹。

"我告诉你怎么回事:叫他自己穿衣服,他就闹别扭。刚才还叫我'上天堂'。"在奶奶面前,我甩了他屁股几巴掌,然后就上班去了。

他也许知道我真生气了,紧张起来了,赶忙背着书包跟着。我不许他跟,"上了天堂的妈妈怎么会送你去上学?走开。"

他哭着说,我知道错了,我不该讲衰丧话。

我不管他,自己走。他跟着,一出大门就收了哭声,叫我牵他的手。我不管他,想着"要给他什么惩罚?"

"我今天不会买早餐给你吃的。上了天堂的妈妈是不会买早餐给你吃的。"

"妈妈,我知错了。"

进了面包店,我夹了一个葡挞、一块面包就去付款。他知道我真的不买他的早餐了,自己走出了面包店。

快到学校,我叫他喝点水。他喝了。让他用自己的钱买早餐吃,他说不买。我就不再管他。到达学校时还不到7点30分,他们教室门还没开,有四五个孩子在等开门。

反思:我不知道自己做得对不对。他咒我已经不是第一次了,之前教育过他,今天再讲这样的话,是要给他教训的。

思考:这事是不是就这么算了?如果还要惩罚,该怎么罚?

当时,我还没有上林文采老师的课,有很多担心,总是用头脑思考,忽视孩子的感受。常常会把小事变成大事,不断升级,大家的情绪都越来越糟糕。

类似的情况在我家常常出现。一天,外甥女到我家,看到了我和儿子因一些小事就针锋相对,说了句,六姨,阿源怎么这么像你?

某一天,儿子怒吼,我以后不会娶像你这样的老婆的。

还有一天,记不清是什么事情,反正就是脾气又来了,拿起登山杖想打儿子,幸好还有一点点理智……啪!——我把登山杖摔到地上,登山杖被摔成两截。

后来儿子把摔坏了的登山杖收起来,用袋子装着,并且说,我以后要给我的儿子看,当年,他奶奶是这样的。

因为一直是个爱读书的人,我知道,孩子是来帮助父母成长的。孩子有问题,那是因为家庭生病了。如果夫妻关系好,孩子不会有大的问题。父母好好学习,孩子天天向上……

我知道,此时此刻的我,光看书,救不了自己。

三、上课,终于知道了根源

燃眉之急,是我必须控制好自己的情绪。读书没办法让我控制好自己的情绪。就在这个时候,我们班的一位家长发出了一个学习链接。

林文采是谁?从来没听说过。王剑飞?也没听说过。邱静,是我们佛山电台的节目主持人,听过她的节目,挺不错的,居然在做家庭教育讲座。

不管那么多,有"情绪管理",试试看。当时,600元两天的团报价,对于我来说,是天价。我们老师有无数的培训,都是不用花钱的。不用花钱的,我都不愿意去,现在竟要自己掏钱,还要占用我的休息时间?

事实证明,2016年1月1日,是我永远都不会忘记的日子。我踏上了林文采心理营养的学习之旅,之后,一发不可收。

邱静老师讲林文采亲子课的内容,剑飞老师做督导、做个案,从来没有听过如此精彩和震撼的课……全新的理念:无条件接纳,重视,肯定、赞美、认同,安全感……满满当当的两天,我尽情地吸收。哈哈,居然没有发觉这两天里,没有讲到我原来最想听的"情绪管理"。

没关系,没关系,这两天的收获已经远远超出了预期,感谢自己凭直觉选了这堂课。

后来,我继续上林文采老师亲自讲的亲子课(我当助教反复上课,也反复听线上课)、专业课以及亲密课……

原来,虽然我工作认真,成绩也不错,但是,我是个严重缺乏心理营养的人啊。一直困扰我的愤怒——情绪不稳定,就是心理营养不够,安全感不够啊!

四、实践,慢慢改变

心理营养,最容易做的是肯定、赞美、认同。我首先肯定、赞美、认同自己,每天发微信肯定、赞美自己,然后每天睡前肯定、赞美儿子。后来,我专门用一个笔记本写信给儿子,肯定、赞美他的每一个进步。

先说说自己的情绪。随着一次次进入心理营养课堂,伴随着眼泪,自己一次次被疗愈。

回到日常,每一次当愤怒来临,我都问自己,你想要什么?不想要什么(期待是什么)?怎样才能要到自己想要的(如何满足自己的期待)?每次这样一问,自己就清晰多了，不会那么抓狂。

上林老师的专业课，探索父母的类型的时候，我发现了：原来，我是个被忽略的孩子。当我这样说的时候，哥哥姐姐们都反对：你是家里最小的，你是被重视最多的。如果说你被忽略了，那我们怎么活啊？我开玩笑说，你们是仙人掌啊，一点水就够了。我是水仙花，要很多很多的水。

当我发现自己需要被重视的时候，我常问自己：友英，此时此刻，你怎么做，才是重视自己、爱自己呢？于是，我给自己一点时间去散步；我给自己一点空间写写微信文章；我还会送自己一份厚礼——去上心理学的课程，去旅行……

课堂上的疗愈，加上日常一点点给自己心理营养，我的情绪越来越平和了，但有时仍不能自控。

某一天早上，我的脾气又来了。带着气和儿子一起出门，我上班，他上学（我们在同一所学校）。走到天桥，我知道自己不应该把情绪发在孩子身上，于是说，儿子，对不起，妈妈不该对你发脾气。

"妈妈，你有没有发现，我今天没有受你的情绪影响。我知道，那是因为你自己有情绪，和我无关。"

听到孩子的话，我非常感慨：真的是父母好好学习，孩子天天向上。现在孩子即使遇到其他人（包括老师）发脾气，他也能区别是不是真的和自己有关。渐渐地，我成长了，变了，我的情绪平稳了。儿子成长得比我更快，我们现在已经不会火星撞地球了。

我特别要说说儿子写的字。我原本总觉得他写的字难看，总拿最优秀的学生的字和他的字比较，结果，他的字真的就越来越差了。

后来，我就用林老师课上讲的方法，**看着他的作业，我问**，你觉得你的字写得怎么样？

"挺好的。"天啊，在我看来，真的糟透了。

"你觉得你哪几个字写得比较好？"我继续问。

"都很好。"哎，其实，几乎所有的字都不堪入目，这不是自大是什么？不过，我继续说，这个，这个，还有这个写得比较工整。

之后，我几乎每天都看他的作业，指出哪些字写得比较好，他的字慢慢地越来越工整，但还达不到漂亮。

接纳吧，是啊，接纳。看看我自己，作为语文老师，多么渴望自己能写一手好字啊。可是，我自己掏钱跟书法老师练字了，很努力地写了，到今天不还是写得不漂亮吗？

我之所以那么渴望他能把字写好，归根到底，应该是希望自己能把字写好吧，如果我接纳自己能力有限，那么也应该接纳儿子的能力就是这样，他现在能认真写字，还比较工整，就已经很不错了。

有一次，他的语文成绩考得不错，里面的字也写得不错，语文老师也在分数下写了"书写认真"。我说，哇！真不错，字写得很工整！

"其实，也不是很好，我还可以写得更漂亮点的。"我听到他讲这句话，非常高兴。我用了整整一个学期的肯定、赞美，他才能中肯地看自己。

五、成长，是一辈子的事

自从开始给自己和儿子做心理营养，我们的日子就一帆风顺了吗？不是的。大概在我学习心理营养的第三年，儿子还是时不时出现一些问题：他有时不能完成作业，有一科的成绩经常是班级倒数，有时会和同学打架，甚至烧同学的头发，这个同学还是他的好朋友呢！

为什么我坚持给儿子做心理营养，他还有那么多问题呢？为什么给学生肯定、赞美，很快就见效了，但给儿子的肯定、赞美，却没有立竿见影呢？我心里很纳闷，自己慢慢思考……

终于，我发现了，我给儿子做心理营养时，不够真心真意。在肯定、赞美的后面，还是会有很多的期待。他还缺无条件接纳这部分的心理营养。我也缺心理营养啊！总想拿第一名，总是希望得到别人的肯定、赞美，总希望通过儿子的优秀来证明自己。

于是，我学会了我是我，他是他。在学校，我用心教学，我是个好老师；在家，我用心做个好妈妈，我是能给儿子做心理营养的好妈妈。

儿子，学习是你自己的事，妈妈希望你能按时完成作业。但不管是否完成作业，妈妈都是爱你的。

儿子，虽然你的某科成绩还不是很好，但是，你每周去上两个兴趣班，每天还参加网络学习，很不错。不管你考多少分，妈妈都一样爱你。当然，你考得高分，妈妈会更高兴。

和同学的关系怎么办？他的朋友很多，一直是班长，每个学期都能被评为优秀班干部。但是，和同学打架就是不对。

你和某某打架，抓伤了别人，是错的。这件事，你是做错了。但是，妈妈仍然是爱你的。我们来看看如何补救……

其实，我知道，要想儿子"没什么事"，我要用心经营好夫妻关系。

我先学着向先生说，谢谢！一开始不习惯，说多了，就习惯了。

后来，我总是说，哇！你煎的鱼真好吃！

哇！你炒的菜就是好吃！

哇！你蒸的鱼怎么这么好吃呢？我怎么就蒸不出来？

哇！你买了菜！哇！……

"夫妻，要彼此顾念。有些事，虽然不是我想做的，但因为爱，我愿意做。若对方为我做了，我要懂得表达感谢。"我常常用林老师的话提醒自己。

他的每一份付出，我都真心感谢！

当我足够重视自己，就不再问：我在他心里到底是不是最重要的？

每当我觉察到自己对先生有期待，我就先问自己：我可以满足自己吗？可以的，我就满足自己。有些实在希望他做的，我就和他做一致性沟通，即使他不做，我也不责怪他，我简单接纳他的有限。

当我能够重视自己的时候，慢慢地，我看到了先生过去的很多付出，甚至觉察到他其实挺宠爱我的。家里的水电费、管理费、伙食费，甚至是我的手机费，20多年，都是他交的；家里很多的事，都是他一直在忙前忙后；房子装修，也都是他去看的……这么好的老公，哪里找呢？

可是，以前的我，把所有的一切看成理所当然，总觉得他欠我的。因为我要和他妈妈一起住，我的眼睛只盯着他没有做到的，我把我所有的不快乐都归咎于我要和他妈妈一起生活。

我们夫妻关系的一个大的飞跃，是在2018年末。我写了长长的一封信，表达这些年来的"委屈""不满"。信末，我说，如果你受到了指责，那并不代表你不够好，只是我心理营养不够，在向你索要。

我们夫妻的关系越来越好，家越来越温暖，婆媳关系也没那么多问题了，我也能允许儿子长成他自己的样子。

目前，儿子在普通初中读初一，每个看到他的人，都说他阳光、帅气。小学时落后的一个科目，虽然仍然不是太好，但他保持着学习的热情，每天至少学习半小时，有时能进入班级中间的名次，总成绩在年级排中上。这个学期末，他被评为年级优秀干部和班级优秀干部。

很多家长都头痛的手机问题，他能管理得比较好。星期天晚上，他会自觉把手机交给我保管，星期五晚上再要回去，玩游戏时能约束自己。有一次，他违规了，没有完成作业，被老师批评。他自己就遵守约定，一个月都不摸手机。

我写这篇文章的时候，正是新冠疫情防控的非常时期，大家都在家，不能外出。儿子能自己制订作息计划，每天比我们成年人还有规律，像上学时一样，晚上10点左右睡觉，早上最先起床。也许，我的儿子就是那种，不是很优秀，但心中充满爱的男孩吧。

记得林老师在一次教师培训中说，做心理营养，其实是修炼自己。

我一直记着这句话，一直在修炼自己。我期待儿子优秀，让自己有面子，我就自己努力学习、工作，自己给自己面子。我希望先生重视自己，我就先自己爱自己、重视自己。当我能接纳儿子，即使他考最后一名，我也同样爱他的时候，他就尽力学习，成绩慢慢上升。

育儿先育己。我是林文采博士心理营养育儿法的受益者，我现在情绪越来越平和，夫妻关系越来越和谐，儿子也越来越懂事。所以，我立志把心理营养育儿法传播给更多的家长，现在常常不定期地在所任教的学校或其他学校开讲座，讲解如何做好心理营养。

林文采老师点评：

一、作者是一名优秀的老师。她把心理营养做在所有的关系中，因为每个人都需要心理营养。在文章中，大家可以看到，只要你愿意给别人心理营养，你在人际关系中就容易成为人见人爱、花见花开的人。所以，文中提出了一个问题，家人往往因为期待不能满足而有了指责、怨恨、愤怒，该怎么办呢？答案就是，只要你满足了他的渴望，他就会满足你的期待。

如果孩子没有满足你的期待，比如天天认真上课、做好作业、成绩优良时，你应该做的，不是天天去指责他、埋怨他、向他发脾气。心理营养的课程告诉我们，这是没有用的。相反，你要沉下心来思考：他最想得到的心理营养是什么？是接纳、称赞、肯定，还是模范呢？找到他所缺乏的心理营养，在他需要的渴望上多做。你会惊讶地看到，你不必再说孩子什么，孩子会反过来满足你对他的期待。这是因为，一旦孩子得到了足够的心理营养，内心就会有力量，就能够满足父母的期待了。当然，这期待不能过分，否则孩子完成不了。但基本要求，孩子是可以做到的。

二、看了这么多篇文章，可能你会看到不同作者都会说，面对冲突，要学习"一致性沟通"。什么是一致性沟通呢？最基本的就是，当你提出一些不同的意见、建议、想法时，一定记得不要指责，也就是强调自己对对方错，不要讨好，更不要一味想要讲道理，而是真实地把发生了什么情况（事实），你真实的内心感受、期待是什么，表达出来，最后还要把正面的爱表达出来。语言模式是这样的：

当……（发生了什么情况）

我觉得……（难受）

我希望……（要说得简单而具体）

我相信……（必须是正面的词句）

举个例子：

当你在家人面前骂我是笨蛋的时候，

我觉得特别难过和羞耻，

我希望，如果你觉得我做错了，能在私下里告诉我错在哪里，

我相信，如果你能私下教导我，我会很愿意听话的。

可以用这种语言方式入门，去学习一致性沟通。学会了以后，不管你面对什么人，都会是很好用的。就算他不能做到你所期待的，但是从沟通的角度来说，你在把自己说清楚的同时，又不必指责和讨好对方。

产后抑郁的妈妈

崔程程

> 缺乏安全感、拒绝上幼儿园、产后抑郁、情绪失控、父母失和、接纳的力量、情绪管理、彼此顾念

2014年10月15日,我的儿子一鸣出生了。孩子早产,7个半月就急呼呼出来了。慌乱中,我还没来得及看清楚他的样子,他就被送进了重症监护室,住在了保温箱里。我们再见面,已经是22天之后了。

抚养一个3斤2两的早产儿,着实不易。经历了新手妈妈所有的战战兢兢之后,在孩子出生7个月的时候,一场大病促使我辞职回家,做起了全职妈妈,开启了漫长的全身心带娃之路,也开启了我的产后抑郁生涯。

一个全新的全职妈妈,生孩子之前没学习过如何育儿,孩子出生以后,也是摸着石头过河;再加上夫妻两地分居,情感失和,生活重心瞬间只剩下孩子、孩子、孩子。对孩

子，爱有多深，烦就有多深。孩子2岁半之前，我就是那个矛盾的、焦虑的、喜怒无常的、把自己的情绪垃圾倒到孩子身上的妈妈。

记得他1岁半的时候，有一天，不知道为何，我很烦躁，一鸣不配合睡午觉，我竟然吼叫着把他整个摔在沙发上，自己破门而出，任由孩子哭喊着冲向门口。等我出去走了一圈回来后，看到孩子一个人坐在沙发上，眼神呆滞，已经不知哭了多久，看到我，也没有像往常一样迎接我。那一刻，我深深感受到了孩子对我的失望。此外，还有我对自己的失望！

有一天深夜，我被孩子磨到没有一丝力气，望着窗口，心想这样无日无夜一个人带孩子的日子，何时是个头呢？我的意义和价值到底在哪里？想着想着，居然有了一种强烈的冲动——跳下去！我自己都被自己吓了一跳。

一鸣学会说话，是在2岁2个月。到他2岁8个月，我就帮他物色了一个"好"幼儿园，他成为全班最小的，也是最能哭的孩子。上幼儿园就像一场战争，哭喊着，吵闹着，威胁着，要经历生离死别一样，一哭就是一个月。那个小小的人儿，据说在幼儿园里，每日以泪洗面，随身抱着一个水壶，想妈妈了就喝一口水。

是的，一鸣就是那个典型的缺乏安全感的孩子。现在想想，林老师说的影响一个孩子安全感的三个因素，他全有——妈妈情绪极度不稳定，父母关系失和，孩子不具备年龄所及的能力。

他的表现，除特别黏我以外，还有情绪比较暴躁，大哭大闹可以说是家常便饭；再有就是不善于与其他孩子做朋友，这也跟我们频繁搬家有关，三年内搬了四次家，刚刚在一个地方认识了一两个小伙伴，又搬走了。现在想想，孩子3岁之前，我和他爸爸做了很多"反"养育的事情。

这样的育儿生活不能再继续下去了！

转机出现在我上了林文采老师的心理营养课之后。2018年1月，亲密课；2018年11月，亲子课；到后来的专业课，林老师的线上音频视频课，我也是当成下饭菜一样每日收听。就像大地久旱遇甘霖、羔羊迷途遇神仙、野人黑洞中遇火光一样，我遇见了林文采老师，遇见了心理营养，一下子被那扎实的理论、一个个活生生的案例，以及林文采老师本人的魅力所折服，从此开始相信——有个孩子是美好的，人活着也是美好的，人值得拥有幸福，人能够拥有幸福。

我下定决心，排除万难，给孩子做心理营养。

我是从无条件接纳开始的。

林老师说，无条件接纳是孩子在0—3个月的时候所需要的心理营养，也是他生命中需要的第一个心理营养，可见其重要性。它直接指向孩子生命中五朵金花的"价值感"之花，还有"爱"和"联结"之花。然而，一鸣刚出生的前三个月，我完全是缺席的、混沌的。第一个月在保温箱，我无法想象他过的是怎样的日日夜夜。第二个月，是我的二姐在"伺候月子"。第三个月，我开始上班……

虽然说，无条件接纳是五种心理营养中最难的，但是就从它开始吧。

孩子过了三个月，如何做无条件接纳呢？要记住四个"当口"：

1. 当孩子有负面情绪的时候（这个一鸣经常有）。
2. 当孩子失败、受挫的时候。
3. 当孩子达不到期待的时候（我是个追求完美的人，对孩子的期待也是一堆堆的）。
4. 当孩子犯错误的时候（这个也是家常便饭）。

我在无条件接纳方面做过最多的，就是接纳孩子的负面情绪。一鸣的情绪波动很大，英语课结束没有拿到糖果，大哭；一个小小的玩具零件找不到，大哭；生病了不能吃饼干，大哭……总之，几乎每天都会有一场情绪失控。

以往，我会一忍再忍，忍无可忍时，就会狮吼功+唠叨功，双功并用，强迫其住嘴收场。

现在，我知道，这是孩子在表达他的负面情绪。当他遇到这类事情的时候，他能控制自己没有情绪吗？不能。

他的情绪需要被妈妈看见吗？需要。

我能不能接纳他就是个有情绪的小孩？可以。

这样想了以后，通常我就会闭上讲道理的嘴巴，一边拥抱他（如果他愿意的话），一边跟他说，一鸣，我知道你很生气（难过、愤怒）……生气（难过、愤怒）是可以的。如果你想哭，你可以哭一会儿，妈妈愿意陪着你。然后，我感受到这个小人儿在我怀里畅快哭泣，慢慢放松，渐渐安静下来。这个时候，那个拥抱和适当的沉默，就是接纳和允许的感觉。

等到孩子安静下来，我再尝试和他一起讨论发生了什么，需要怎么做，用语言引导他把情绪说出来。

刚开始这样做的时候，对我来说确实是很难的。面对着不分场合、不分时间哭个不停的孩子，我马上就要爆炸了。这个时候，是林老师的话"**接纳是最深的爱**"支撑着我。

随着我做的次数越来越多，我就越来越熟悉这个感觉，接纳也越来越容易。我惊喜地发现，我不只是对孩子的接纳度高了，对自己也是。过去，为何我很难接纳孩子呢？其实很大一部分原因是我对自己也极度不接纳。我不满意自己的多愁善感，不接纳自己全职妈妈类似人生输家的状态，更不能接纳自己是个永远都满足不了孩子期待的妈妈……

现在的我，越来越喜欢自己了，也力所能及地做着自己的事情，朋友们都说我越来越漂亮了。我想这就是接纳的力量。

接纳带来的好处，表现在一鸣身上，就是他大发脾气的次数越来越少了，也就是情绪越来越稳定了；语言表达的能力也越来越强了；变得越来越讲道理了。

五个心理营养中，对我们家最有效果的就属"安全感"了。一个极度缺乏安全感的妈妈，带着一个缺乏安全感的孩子，使得整个家庭弥漫着焦虑不安的味道。

林老师说安全感要从三个方面做：

1. 努力做一个情绪稳定的妈妈。
2. 经营好夫妻关系。
3. 允许孩子做他能力范围内的事情。

我知道自己的课题就在这里，要做一个情绪稳定的妈妈。

这个说来话长，且说说我努力的步骤。

在亲密课画原生家庭图的时候，我觉察到自己的很多情绪都来自我的妈妈，以及我的童年经历。于是，我努力修复和妈妈的关系，也给妈妈做心理营养；参加家庭重塑工作坊，做个案，处理原生家庭问题……慢慢地，我可以正面面对自己的经历和妈妈了，随之我的情绪也变得平缓了一些。

同时，我学习情绪管理的课程。林老师的亲子课讲到了情绪管理，也有专门的音频课，还有很多讲情绪管理的书。**我了解到，情绪是感受的外显，情绪是能量，情绪需要被看见，情绪需要被释放**，释放情绪的办法有很多，例如写出来、说出来、画画、唱歌、运动等等。知道了这些以后，当我有情绪的时候，我做的最多的，就是写出来。

一年前，我开始写情绪日记，记录每天发生了什么事，引发了我什么感受和情绪，我有了什么想法，等等。2019年10月，上完林文采老师萨提亚模式专业课以后，我又开始写冰山日记。这是一种跳到水下，查看自己情绪冰山的方法（参见第4篇林老师点评的部分）。持续这样做之后，我发现，我越来越能感知自己的身体，也能做到"我的情绪，我自己负责"，不再把情绪垃圾倒给孩子。

除了写出来，我还尝试说出来，以及采用画画、运动的方式释放出来。我会对重要关系中的人，做一致性沟通。

2019年，我学习了绘制思维导图。心情不好时，我就会画一张图文结合的导图。这也是我释放情绪的方法。我这个东北旱鸭子还学会了游泳。常年不运动的我，也会刻意让自己去游泳，去释放情绪。**我做的所有这些努力，为的都是做一个情绪稳定的妈妈。可喜的是，这些都是有效的。**当我越来越能够管理自己的情绪，在面对孩子的时候，就越来越容易做到接纳，以及高质量的陪伴了。所谓轻装上阵就是这个感觉。

在给孩子安全感方面，我和先生的感情越来越好，也是非常重要的一环。我最先上的是林老师的亲密课，当时就是没管那么多，上完课赶紧听话照做，从简单的开始。**把先生在我手机通讯录上的名称改为"好朋友"，直到现在还是。**

对先生的态度从"责备"到"感谢",一有机会就回味他过往对我的好,作为感情存款;遇到冲突的时候,不是一味指责,而是尝试做一致性沟通……

做得最多的还是"彼此顾念"。有某件事是他想做的,但不是我想做的,而这个事做起来并不难,为了两个人的关系好,为了爱他,我就来做。这就是彼此顾念。例如,今年装修新家,他想要的装修风格,其实并不是我完全想要的,但也不是不能要,为了他回到家感觉舒服,我就愿意为他做。同时,他也顾念了我,明明知道我喜欢的家具超出他的消费限度,就因为我喜欢,他愿意为我买。这要是在以前,那可是要吵很久的。

林老师曾说,婚姻关系中最美丽的部分,就是彼此顾念。我是在不断地实践了两年以后,才慢慢体会了这句话。因为彼此顾念,我和先生的关系越来越好,我们彼此的宽容和欣赏也越来越多。我有时候不禁感叹,这真是神奇的转变,心理营养确实是,简单照着做,就可以化腐朽为神奇了。

我和先生的关系变好以后,对孩子最大的影响,可以用一个场景和画面来描述。当我和先生牵手散步的时候,孩子骑着平衡车在前面,时而快,时而慢,时而回头看看我们,朝我们笑一下,然后又快速向前骑去!空气中洋溢着爱和力量的味道。

五个心理营养中，要说最好做的，就属肯定、赞美、认同了。

这也几乎成了我和孩子互动的家常便饭。我会每天给孩子至少一个"赞"。例如昨天，哇，一鸣，你把我和外婆的碗都放回厨房了呀，你怎么这么贴心呢！谢谢你哦，说完给他脑门点一下大拇指。小伙子就神采飞扬地帅帅地跑开了。还有前天，一鸣，你在上课之前说你要好好上英语课，结果你真的努力做到了，妈妈觉得你很了不起，你就是一个说话算数的小孩，我很欣赏你。为了表达我的欣赏，我想为你做一件事，你说是晚上一起讲半个小时书，还是送你一张心愿卡呢？还有大前天，孩子，你做得很好。当你一个人在电梯里的时候，你很冷静，没哭没闹，安静等到电梯到达家的楼层才出来，妈妈要给你100个赞……

我像林老师说的一样，戴上了"有色眼镜"看孩子。看孩子做得好的时候，我就大声说出来，表达我的感谢、欣赏、赞美；当孩子做得不好的时候，我就闭嘴，选择暂时忽视不见。时间久了，孩子做得好的部分越来越多，做得差的部分，我也越来越能接纳了。

林老师教的肯定、赞美、认同，与其他老师或者流派教的有点不同，她主张对孩子已经做过的事情进行肯定、赞美、认同，需做到"具体""当下""真心实意"三大关键点。否则，就变成了为家长的期待而设置的"鼓励"和"陷阱",久而久之,孩子就不爱买账了。

心理营养还有另外两个,就是重视和模范,都是非常有效的,我在这里不做赘述了。

坚持了两年的心理营养养育,现在5岁刚过的一鸣是什么样子呢?

他自信,喜欢自己,常常说,妈妈你看,我可以这样,我很厉害吧。在学校里,他也结交了自己的三两个死党。他温暖,好吃的好玩的,都愿意分享给家人和朋友,看到老师的扣子松了,他会帮忙扣扣子。他独立,当我说有事来不及送他进学校时,他会说,妈妈你着急你先去吧,我可以自己进去。跟我拥抱后说再见,坚毅的小背影就一点点消失在我的视线里。他自然流畅,伤心的时候他会说,妈妈我好伤心;想哭的时候,就流眼泪;开心的时候,就哈哈大笑;每天都睡得安安稳稳。最近的他,喜欢上了学习汉字,每天都主动安排出一点时间识字、写字。

我虽然不知道未来的他会是什么样子,上了小学,是不是也像那些公众号的推文写的一样闹得全家鸡飞狗跳,但是我相信的是,只要我坚持用心理营养来养育孩子,孩子就不会出大的岔子,而我也不再会像两年前那么焦虑、那么无助了。有心理营养为我和孩子的生活与关系打底,我从容了很多,也慢慢开始享受作为妈妈的角色了。可以说,心理营养就是我和孩子的幸福底色,也是我和孩子、家人彼此滋养的必需品！

林文采老师点评：

一、感谢作者把她自己怎样从抑郁的状态中走出来做了一个很详细的描述。她真是一个好学生，学习之后马上就运用了。首先是努力做个情绪稳定的妈妈，文中的重点，大家仔细阅读体会就可以了。

二、在安全感的给予中，除了妈妈情绪稳定，夫妻关系也是很重要的。作者可以说已经了解"彼此顾念"的精髓了。她举了在装修新家时彼此顾念的例子。这个看起来容易，其实很多夫妻在这样的事情上常常各不相让，能这样做很棒很棒。而夫妻关系的和谐，带给了孩子很多的安全感。

三、说起孩子的安全感，实际上孩子在出生以后就非常不足。孩子生出来以后，就被送到保温箱，虽然有护士照顾，但是人类生下来就是有身、心、灵三部分的，除了生理的健康，还有心理和精神层面的需求。但是，一般护士、医生只能照顾孩子的生理健康，没有意识到刚出生的孩子非常需要妈妈的拥抱、抚摸，轻声细语的安慰。孩子虽然不明白妈妈在讲什么，却能够从妈妈的声音里听出妈妈的情绪，这对孩子是很重要的。结果这个孩子在保温箱里度过了22天。我要强调，就算孩子因为在医院治疗，在可能的范围内，妈妈还是一定要每天去看孩子，抱抱他，和他说话，给他足够的安全感。后来，孩子要面对有产后忧郁的妈妈，并且在3岁前搬了四次家。从儿童心理学来说，孩子在小的时候，要避免有太多的变动和分离，才是比较安全的。

四、幸运的是，面对这么多的过错，学习了心理营养的作者，一一把它扳回来了。不管是安全感，还是肯定、赞美、认同，她都做得很好。大家可以在本文中看到很多值得借鉴的地方。

五、在这里要告诉大家，之前在育儿的历程中有什么地方没做好，都不要紧，现在知道了，开始一点一点去做就可以了。一般来说，12岁之前的孩子，只要每天坚持对他做心理营养，几个月就有成效。13岁到15岁的孩子大约1年内有效。16岁以后的孩子做1年到3年就会有效。所以，之前没做好不用怕，从现在开始吧。

培养独立自主的孩子

程志娟

> 让孩子宣泄不良情绪、重视是高质量的陪伴、允许孩子做力所能及的事情、及时赞美、扔掉垃圾情绪

我从小是一个懂事的孩子,自己努力学习,不让父母操心。即使考上北大研究生,我内心也知道,我除了会下苦功夫学习、考试,没有其他特长。一直到我当了妈妈,我最好的朋友来看我,问我对孩子有什么希望,我说健康快乐就好。但是夜深人静的时候,我发现自己内心最真实的声音却是:他长大了,至少也得考上北大或清华!

我被自己这个声音吓了一跳……我清楚地知道,我的孩子应该过丰富多彩的一生,属于他自己的一生。于是,我开始学习。非常幸运,我在萨提亚课堂跟随林老师,开始学习心理营养。林老师温和而坚定地传授,我相信:每一天,每一月……三个不做,只做心理营养,我的孩子一定会长成参

天大树。

一、无条件接纳

学校组织优秀班干部作为代表去革命老区研学，领队老师加了家长微信。孩子说："妈妈，有同学害怕老师向家长告状，但我不怕，因为即使我不小心做错了，你也不会批评我，你只会帮助我。"是的，随着孩子长大，无论是学习，还是人际关系，只要他自己处理，就有可能达不到期待，失败、做错，或有情绪……这时最考验父母能否无条件接纳孩子这个人和他的情绪。每当这时候，我的第一个理念就是：**这不是问题，这是孩子学习成长的机会**。这样就不是站在孩子对立面着急说教，而是能够温和地、肩并肩地和孩子一起来看：孩子的期待是什么，还可以做什么？

我清晰地记得上幼儿园后，孩子身边好多小朋友开始学习画画。有一天放学回来，我看到儿子不像平常那样高兴，问他怎么了，他拉开小书包拿出一个揉皱的纸团，说："他们笑我画得不像，我再也不画了！"

我蹲下来，看着他的眼睛，温和地说："你很生气，是不是？"

孩子抱着双臂，噘着嘴，呼着粗气……我在旁边安静地等了一会儿，看到他松开了手臂，小嘴也不噘着了，才说："妈妈可以看看你的画吗？"

"嗯。"

我摊开纸团，认真地看起来，说："我很喜欢你用的颜色。"

"但他们说我画得不像！"

"你想画的是什么？"

"鱼。"

"大海里是不是有成千上万种鱼呀？长得都不一样。"

"嗯……是。"

"那你画的，是你想要的吗？"

"是，我喜欢的小鱼就这样。"

"那就可以了，画画，就是表达我们自己的想法。"

孩子看了看我，露出了轻松快乐的表情。后来，我们一直没有报绘画班，孩子常常用绘画表达他自己的内心世界，充满了丰富的创意和想象。

二、重视

重视是高质量的陪伴，特别是对于上班的妈妈，做好陪伴不容易。我休完产假上班后，首先调整工作，选择离家近的部门，尽量按时下班，到家之后，放下手机，全心陪伴孩子。从他上幼儿园开始，我每天回到家，就问他三件事：今天高兴的事是什么？有不开心的事吗？有需要妈妈帮助的吗？然后就安心地倾听，不评判，不指责，不焦虑。

三、安全感

孩子有时去同学、朋友家玩，回家后常抱抱我，说："妈妈，你是世界上最好的妈妈！"现在长大了，他多次说："妈妈，你是我最好的朋友。"我特别欣慰地笑："你是你自己最好的朋友。"他想了想："先并列第一吧。"最好的妈妈，最好的朋友，首先就是最安全的。妈妈情绪稳定，夫妻关系和睦，孩子心里就是安全的，碰到任何困难挫折，在需要的时候，都会有人陪伴他，接纳他，帮助他。儿子喜欢乐高，从小就喜欢挑战远超过他年龄的款式，将几百个小零件拼砌成一个大模型。一开始，他会因为找不到一个细小的零件而着急求助，我每次都会温和地说："妈妈很愿意帮助你，每一套乐高，有三次求助机会。你是否现在要用呢？"第一次，孩子肯定急于找到零件。到第三次，我就会再问他，并且鼓励他自己找。

安全感还来自允许孩子做力所能及的事情。从幼儿园开始的课后兴趣班，我们都是让孩子自己去体验，自己做决定，并且一直鼓励他，做了决定就要自己负责。他的兴趣也广泛，足球、武术、书法、围棋……我们从来也没焦虑地让他报奥数、英语。直到三年级，他对我说，妈妈，我要报一个英语学习班了。我有些惊讶，因为他仅靠课上学习，英语也常满分。他说："现在阅读理解难了，再不学就要靠蒙了。"于是，我就帮他联络机构试听，从国内响当当的大机构,到北美的外教。最终,他自己选择了一个很小的机构,我们尊重他的选择,过了两个月他就从初级班升到了中级班。前些天,他兴奋地跟我说,未来他要把乐高的很多资料翻译成中文。允许孩子自己做选择,并为自己的选择负责,是非常考验父母的。我的内心一直很坚定,我信任我的孩子。我相信:人生,不是一场百米赛跑,是一个人独一无二的旅程。

四、赞美、肯定、认可

我们可以有两副眼镜,一副是看到孩子已经做到的,另一副是看到孩子没有做到的,我选择戴第一副。这样我就常常带着欣喜去鼓励孩子:"哇,你都能自己洗袜子了,妈妈可真开心呀。""哇!武术第一名,妈妈太为你高兴了!"后来孩子长大一点,我还会再加上一句:"你是怎么做到的?"引导孩子总结经验,自己鼓励自己。

五、模范

身教重于言教。白天的工作中如果遇到大的挑战或挫折,晚上回到家,我的情绪就会很低落。看到孩子满心欢喜地过来找妈妈,我会抱抱他,然后告诉他:"妈妈今天很累,心情不好,给妈妈点时间,妈妈自己处理。"之后我会告诉他,我当时的情绪是什么,我想要的是什么,我决定怎么做。后来，他开始对"情绪管理"好奇，我就把所学的告诉他：情绪是感受的外显，情绪是能量，我是情绪的主人……有一次，我妈妈的一个朋友来家里做客，向妈妈倾诉，拆迁后，孩子把大房子和钱都分走了，她特别难受，头疼胃胀，老去医院。我妈妈对她的朋友说："我永远忘不了我小外孙告诉我的一句话，**那些不舒服的情绪，像垃圾一样，要早早地扔掉！**"我在旁边听了又惊又喜，没有想到孩子学到了，还用来劝姥姥。

落笔之时，正是鼠年春节，全国抗疫。看到孩子自己调整时间表，安排网课学习，为医护人员设计N99口罩……我内心再次体会到：心理营养培养出来的孩子，真的是五朵金花全开！未来，他一定会成为一个绽放自己，又有益于社会的人。

我相信，每一位父母都爱自己的孩子，也都尽其所能而为。但当我们做不到的时候，那有可能是因为我们自己的心理营养不够了。所以，我们也应该常常把心理营养做在自己身上，这样我们才可以源源不断地把心理营养给予孩子。

林文采老师点评：

一、这篇文章刚好补充了关于安全感的第三点：允许孩子做自己能力可以做的事。每一个成功的经验，都能使孩子的安全感增加一分。所以，什么样的父母最会养出没有安全感、胆怯退缩的孩子呢？就是那些因为自己过度焦虑，不能相信自己孩子的父母！越是焦虑，越是包办的父母，以为这样孩子很安全，却反而无意中剥夺了孩子学习的机会，使他没法相信自己是有能力的。安全感不是鼓励就能获得的，它建立在真实的体验上，孩子自己动手去完成了自己该做的事，比如喝水、洗澡、吃饭、收拾自己的玩具等简单的事情，都能增加自己的安全感。所以，我们是随着孩子长大，慢慢地让他学习自己选择，自己完成，自己承担后果的。我本人也是如此。我对4个孩子最重要的教导就是：自己的事情，自己选择，自己负责。明显可见的是，这样的孩子安全感特别足够。如果父母关系不错，妈妈又能情绪相对稳定，孩子就会成长得很好。

二、父母要能放手让孩子去选择和承担，最大的考验是：父母是否能真正信任自己的孩子？如果你了解青少年，你就知道大部分青少年最渴望的是：父母能够信任我！而这恰恰是父母不愿意给的心理营养。这其实牵涉到父母亲自己安全感的问题。父母如果能够信任自己有足够的能力，在必要时有绝对的能力帮助孩子，也相信孩子在需要时，一定会寻求自己的帮助，就会愿意让自己的孩子展翅高飞。放手让孩子做自己，是父母能给孩子最大的礼物。

单亲爸爸如何养育孩子

杨剑波

> 父母离异、父亲暴躁、打骂教育、做孩子的"重要他人"、向孩子示弱、改善与前妻的关系、陪孩子游戏、真诚表扬

2020年1月13日晚,三亚凤凰机场。马上就要过年了,我一个人带儿子小毛旅行,正要返回长沙。快要登机了,眼看旅客们排着队开始一个一个登机,我却把8岁的儿子弄丢了。

这个登机口在楼下,楼上楼下共有100多个登机口。大楼里还有很多商场,环境复杂。我让小毛一个人上楼去买零食了,却没有想到会提前登机,也没有叮嘱他要尽快返回。我开始焦急、慌张。

我匆匆对身边一位陌生女士说了一句,看到我儿子回来,请他在这儿等我,便丢下行李,焦急地跑上楼去找儿子。

刚上楼梯口，我就看到儿子拿着买到的两小袋零食，已经找到这个登机口楼梯，向我跑过来。他说他买了东西就返回，但机场太大，找我们113号登机口，花了很多时间；如果再找不到，他会借手机打我电话的。

我们顺利登机，一切都刚刚好。我向儿子露出笑容，为他独立找回登机口的表现，伸出大拇指点赞。

你要是问，我的心怎么这么大呢？是我粗心大意吗？不是的。我是出于对他的信心。我一直注意对他能力的培养，这是我的信心之源。

情况是这样的：出发前，在长沙，我就开始示弱。一过安检，我就说爸爸不知道怎样找登机口，二年级的小毛就按标识比对、寻找，带我找到了登机口。在这个过程中，就算看到他走弯路，多花时间，我也闭嘴忍住，耐心让他独立完成任务。下飞机时，我又说不知道怎样找行李，让他带我去传送带处，根据航班号码，找到托运的行李。回程中，又让他带我绕了一大圈，找到楼下这个113号登机口，才放心让他去楼上买零食的。我只是不断地点头，肯定、欣赏他的独立自主和认真。

当他说，不喜欢楼下的零食，想去楼上逛逛、买点零食的时候，我一看距离起飞时间还有50分钟，就放心让他一个人去了。他自己带着钱，自己决定怎么花。

小毛这次带了1500元零花钱，我让他自己管理。他说要用来买门票，并为某一天我俩的用餐买单。在机场，他自己买了一本书，128元，眼睛眨也没眨一下；买零食要40元，却唠叨了许久，说心疼，好贵。

他的学习、旅行、零花钱，我都一步一步引导，然后一步一步放手。我只是在看到他认真学习、照顾自己、承担劳动时，点头夸赞：你真是为自己负责任。在三亚，衣服都是儿子帮我洗。他每天都主动做作业、打卡，阅读从家里带来的一本长篇小说，还每天写日记。

他的成绩一直名列前茅，一年级期末语文99分、数学100分；二年级上学期期末，语文99.5分、数学97.5分。他现在已经有2万多元零花钱，从不乱花。在三亚旅行期间，仅仅买过一次冰淇淋，没买过其他零食。

孩子管得住钱，就能管得住心，这是我的恩师林文采老师说的。在三亚旅行，每次乘坐出租车，司机都会十分惊讶小毛的谈吐、见识、独立、负责，我则不断地一路肯定、赞美他，每次坐车，都会变成我的夸儿旅程。

回想四年前，情况却不是这样的。

我是一个警察，单身、忧郁型、完美主义，脾气十分火爆，一言不合就争吵。

离婚前，我同毛妈关系不好，经常吵架。我对小毛要求高，常盯他的缺点，不许犯错，发现他不听话，我会指责，动手打他，威胁他。儿子非常怕我，经常被我吓哭；毛妈、我爸妈，全家人都怕我。曾经有一次，3岁的儿子被我打屁股，过了两天，爷爷奶奶给他洗澡，还能清楚地看见小屁股上的五根手指印。爷爷奶奶十分心疼，批评我"下手太重"。我不是不心疼孩子，可是，我没有更好的方法。

我36岁时，才有了这么一个儿子，独苗苗。我想给他最好的成长环境。随着孩子长大，除了打骂、盯着缺点让他改，我找不到更有效的办法，经常感到深深的无力。于是，我到处去听育儿讲座，买育儿产品，最终却没有什么改变。我曾把孩子关进黑屋子，关到家门外，威胁"不要你了"，听着孩子在拍门哭闹、求饶，我心痛如绞，却背靠着门，狠心不开。我曾把儿子按在地上，抽打他屁股，逼他立即认错，责怪爷爷奶奶太溺爱他。我曾面目狰狞、咬牙切齿地指着3岁儿子的鼻子，怒骂、讲道理。我曾把他所有的玩具抱在一起，威胁要扔掉，逼他停止哭闹。

这样的结果是，我越是努力学习各种方法教育他，他的叛逆越是严重，同时又非常怕我。有一次，小毛不愿陪我去梅溪湖玩，一下车就吵闹，我指着他的鼻子，边对他狂吼怒骂，边讲道理。3岁的他，边哭边一个人离开我们，在人潮中不要爸妈，自己跑掉了！我又气又急，偷偷跟随，看到一群好心人围着他打110报警，同时又听到毛妈对我的埋怨指责，我十分恼怒，颜面全无，心力交瘁。

我看到小毛生气时对奶奶大吼，那模样、言语就和我吼他时一模一样。我指责毛妈，和毛妈吵架，毛妈生气不愿回家，小毛彻夜号哭要妈妈，我心如刀绞，却只能狠心忍受。我不希望儿子和我一样脾气火爆、内在怯懦、又自恋又自卑。

于是，我想尽办法教育、改变他，他却越来越不听话，经常让我颜面尽失。我想教育好他，却有心无力。**我爱他胜过一切，却不知道怎样爱他。**

2016年，儿子5岁时，一次偶然的机会，我走入林文采老师的课堂，学习沟通模式，检查情绪管理。我一项项去核对，发现自己的安全感低、价值感低，导致了控制欲高，知道了我对儿子的伤害，明白了努力的方向！遇见心理营养，我终于找到了方法，我对自己发誓：我要做世界上最好的爸爸！

得遇名师，立下誓言，我怀着一颗感恩的心，一步一步沉下心，去学习、去成长。4年时间，我几乎追随学完了林老师的所有课程。得到充足心理营养的儿子，虽然随母亲生活，却回报给了我无数的惊喜与奇迹。

我这样一个单亲爸爸，具体是怎样给孩子输送心理营养的呢？让我一步步来讲吧。

一、努力成为孩子的"重要他人"

首先是给孩子陪伴的时间。林老师说：**别跟我说没时**

间，只看你是要还是不要？我就用大量的时间陪伴他，业余时间第一选择永远是陪伴他。其次是虽然离婚了，我却运用心理营养的理论，努力同毛妈搞好关系。

1. 背后不说毛妈的坏话。这和"三不"是同一个道理，是"三不"在关系中的落地：我管好自己的嘴，在任何人和任何场合，承认"我和毛妈是关系不好，没有谁好谁坏、谁对谁错"，不上升到道德层面批判。做到了这一个"不"，就是给坏的关系"止血"，关系再坏也坏不到哪里去。

2. 在孩子面前肯定、赞美毛妈。当看到一件事就会说：哇！你做了这件事啊。我在夸孩子的时候会说：你是这么负责任、认真、努力的人！然后在后面经常会加上：这个优点很像你妈妈。

3. 接纳她。当毛妈达不到我的期待时，比如，我要带小毛去内蒙古、日本旅行，遭到毛妈拒绝；毛妈对我有情绪时，我都接纳她，允许她对我说不能、不行、不可以。

4. 在孩子面前感激毛妈。当毛妈同意我见孩子，当她将孩子照顾得很好，我会为她表现出来的母爱所感动、感激，并把这一份感谢、感激告诉孩子。

这样做心理营养之后，毛妈越来越多地让我见孩子，带孩子，到现在每天都能陪伴孩子。这样，我自己在成长、改变，离婚后才能成为孩子的"重要他人"。同时，毛妈在别人面前，也评价我是优秀的父亲。离婚后的和谐相处，也给孩子带来一个很大的心理营养：安全感的提升。

林老师告诉我们，离婚不是伤害，离婚后的互相伤害，对孩子才是伤害。林老师总是如此智慧。

二、无条件接纳

首先，是对情绪的接纳。以前，我错误的做法是不许他闹情绪，否定他的情绪。他一哭闹，我就无比烦躁、恼羞成怒：你给我再哭一下试试？凶到他停止哭闹。后来，我学到了正确做法。当他闹情绪时，我总是温和地允许：你有情绪要发泄，只要不伤害自己、不伤害他人、不伤害环境，都是可以的。但是，错的就是错的，我要坚持自己的观点。这就是"温和而坚持"。

这样做的意义是，我把他对我的情绪发泄，当成是为过去我给他的伤害、积压的情绪"买单"。这样做的难点是，面对他的情绪，我也很难受，尤其是没面子，但我能管理、处理自己的情绪，先照顾他的情绪。这样做的好处是，孩子现在的情绪越来越少，情绪管理也越来越好了。最近一年，都没有对我闹过情绪。

其次，当他达不到我的期待时，我也要接纳他。私下里来讲，我对他的学习、成绩、运动、阅读，都是有期待的。但是，我从不把这个期待说给他。我只是千方百计地培养他对运动、阅读的兴趣，从不用高期待打压他的兴趣。林老师曾经打趣说，这是中国家长最擅长的。为了让他乐于阅读，我购买了绘本、点读笔；为了给他讲故事，我报读了演讲课、小故事课；我还经常带他去书店、图书馆。在家里，我也爱读书、整理笔记，以身作则。

在这个过程中，我既要做到心理营养的"模范"，又要做到"接纳"。当孩子不爱读书、想玩的时候，我支持、允许、接受，只去培养，不去说教，为我自己的期待（让他爱阅读）负责。现在，我已经"得逞"了！

进入小学一年级，别的孩子还不怎么识字时，他就能一个人读完一大本《伊索寓言》，一大本《我和狗狗的十个约定》。我们从来没有刻意教过他识字，是接纳+培养，让他爱识字、爱阅读，让他成了一个在"娘肚子里就识字"的神童！而这一学期，他已读了100多本小说，包括《老鼠记者》全套75本，《福尔摩斯探案》20多本，外国经典文学作品20多本，以及一本长篇武侠小说。

又比如，他不爱上周六的篮球班，我就给他停了课，接纳他的情绪和想法。但是，我买了一个儿童篮球架，带他和小朋友们玩各种篮球游戏，不断地肯定、欣赏他练球时表现出来的各种优秀品质，讲篮球励志故事，甚至向他请教一些练习篮球的基本功，后来他愿意参加学校课后的篮球班了。最近，他还告诉我了一个好消息，由于训练刻苦认真，他竟然被选入了校篮球队！寒假期间，他又主动报名了校队集训。不得不说，心理营养育儿法，惊喜不断，奇迹不断！

三、重视

重视是什么？是把我最有价值的东西，金钱、时间，给予他。

比如，这次来三亚旅行，我有多难呢？当儿子说1月2日放寒假，我问他想去哪里，他说想去三亚。虽然我们这三年冬天已经去过三次了，但我还是立马就订好了机票和酒店。非常不巧的是，1月我被上级抽调去石家庄，要值守工作一个月，规定非特殊情况不得换人和请假。我排除万难，向领导请了假，1月6日从石家庄乘高铁赶回长沙带上他，1月7日飞往三亚，1月13日凌晨，飞回长沙，13日当天，又乘高铁赶往石家庄。高铁、飞机，匆匆忙忙，仅仅是为了他这一次三亚之旅。作为一个父亲，我在用行动告诉他，"你是我生命中的至重"。真实的行动，胜过千言万语。

关于重视，我还想分享一点，是林老师非常看重，也是中国家长稀缺的，这就是"玩游戏"，即讲孩子的语言，玩孩子的游戏，进入孩子的世界。我从小是一个孩子王，这方面非常有优势。

我总是陪孩子玩各种他喜欢的游戏，不管是我带他玩的滑步车、水弹枪、摩托车，还是他喜欢的华容道、米小圈、奥特曼扑克、捉迷藏，各种各样的游戏，包括打打闹闹"没正经"的肢体游戏，我都全身心投入。我还给孩子养了贵宾犬、金毛犬。所有这些，我不仅全情参与，更是带着成人的智慧、财力投入。这极大地扩大了孩子游戏的格局。比如，我给他购买过的汽油动力的摩托车、全地形车就有三台，并给他做了专业培训。现在，他能给一大帮孩子当教练了。

我同孩子"疯"在一起，打打闹闹、没大没小，经常让成年人侧目，而且每天都是父子俩灰头土脸，玩得一身脏兮兮的。但是，孩子的这些体验，增强了他的思维能力，扩展了他的兴趣爱好。这些都是教育，会让孩子从中学习和成长。

我认为，爸爸投入孩子的游戏，代表了对孩子的"重视"；而爸爸的重视，不仅能提高孩子的自我价值感，还能扩展孩子的眼界和人生格局。

四、肯定、欣赏、认同

对于儿子取得的任何成就，哪怕再小，我都会去肯定、赞美。与普通做法不同的是，**我把"低期待"与"多赞美"结合在一起，还把"三个不做"反过来用。**

具体是怎样做的呢？"三不"不是说不要议论孩子吗？而我就去当着或者背着孩子的面，议论他。不过，我做的是旁若无人地议论孩子成长的奇迹。

"他在旅行时，还硬要每天做寒假作业。我说算了，他还不肯。而且，还每晚阅读，每晚写日记！真不知道他怎么这样认真，这么努力？！"

"在三亚，他不仅每天自己洗衣服，还主动拿我的衣服洗！他怎么这么独立自主？"

……

我议论个不停。这样做，比我要他去做作业，然后再去夸他，让他少了一份服从的屈辱感，多了一份独立自主的成就感，而且是高品质的独立自主——"这不是被你要求的，而是我自己选择的。"

我们家来客人时经常会出现一个场面，就是如果客人注意到小毛的一个缺点，比如说他看电视时不搭理人，会给小毛贴一个不懂礼貌的标签，而我马上会撕掉标签，然后改写。我会告诉客人，小毛不是不懂礼貌，而是认真、专心，然后说一大堆他怎样认真和专心的例子。于是，顿时画风一转，我硬生生把一场家庭常见的批判会，改成了一场表彰会！

这不是林老师心理营养在家庭教育中产生的奇迹吗？对比一下批判会与表彰会，"如果不是好的影响，那么一定有其他影响存在"，而这两者，相去不可以道里计！

五、做好模范、榜样

要想孩子形成好的价值观、人生观，父母一定要率先垂范。比如，我自己就是书虫，是阅读的受益者；我坚持运动、健身，把身材管理到能看见腹肌；我还参与公益、捐款助学；我热爱学习、投资成长，2018年，我泡在课堂35天，2019年，泡在课堂43天，"精益求精"地去学习。所有这些，都会潜移默化地影响孩子。

我的学习、成长，是有看得见的证据的。那就是，我的一切关系，包括和同事、父母、前妻的关系，以及对我最重要的亲子关系，都在变好。而小毛，也变得性格开朗，和同学、亲人的关系都非常好，深得老师喜欢，经常被人评价"情商高"。

小毛妈妈看到这些变化，也走进了林老师的亲子课堂。小毛的班主任，特地邀请小毛妈妈，作为家长会唯一的优秀家长代表上台做发言分享。小毛妈妈也给了他很多很多心理营养。孩子这么优秀，当然绝不止是我一个人的功劳。

就这样，在孩子成长的路上，不断有惊喜，出奇迹；心理营养，打开了新世界的大门。

小毛看到爸爸的巨大转变，耳闻目睹许多孩子在家受到打骂教育，他十分心疼。他曾认真地对我说："爸爸，你学了老师的温和而坚持，能不能也教教别的孩子的爸爸妈妈？"孩子的单纯、善良，让我非常感动，我也努力传播、分享我成长路上的点点滴滴。

2016年，我建了微信群"杨剑波satir亲子成长营"。这个微信群，从开头的几十人、一百多人，逐步发展到这两年500人的长期满员状态，还被部分群友长期置顶。群友们在群里学习了心理营养，见证了我的成长。我还开了一间工作室，希望在未来，去传播心理营养，服务更多的孩子和家长，去走一条专业化的助人之路。

我这样介绍自己：我是一名警察。记得电影《拆弹专家》中刘德华饰演的警察说过一段感言："我很感激上天，让我每次做选择时都选对；我很感激上天，让我可以用生命，去保护生命。"

在我的生命中，我很感激上天，让我选择了萨提亚，遇见了林文采老师；我很感激上天，让我可以用生命，去服务生命。

林文采老师点评：

一、我相信，看完这篇文章的读者都会很感动。作者像大部分父母一样，碰到了暴躁、不听话的孩子，在无可奈何之余，也就只能采取责骂、威胁、关小黑屋的办法，但是这些终归是无用的。作者在面对离婚的困难时，用所学的心理营养，特别是用温和而坚持的道理，培养出一个人人夸奖的好孩子。孩子在那么小的年龄，经历了父母离婚，其实稍不小心，就会养育出情绪不稳定、有偏差行为的孩子来。但是，作者的努力学习，使他走过了最难的这个关卡，培养出了高度自律和独立自主的孩子。

二、教导孩子自律，是很多父母不知道该怎么做的一件事。大家可以从本文中看到，父亲怎么在生活中一点一点地示弱，让孩子去探索、锻炼，哪怕花了更长的时间，当孩子做到了之后，马上给孩子很多的肯定、赞美，这能强化孩子的信心。孩子相信自己有能力，是父母能给予孩子的最大的安全感。给他机会去做，做了后再肯定他，这样他就能从实际生活中，越来越相信自己了，这就是安全感。

三、作者在心理营养的五大方面都做了很详细的说明。这让大家看到，就算我离婚了，我的孩子不一定就没有安全感。只要我像文中作者一样对待前妻、孩子，我的孩子一样能快乐、健康。

我们并不是完美的父母

胡蓉芳

> 产后抑郁、女儿脆弱敏感、母女关系紧张、赞扬要落实到品质上、学会说"恭喜你"、询问并尊重孩子的意愿、学会诚实

女儿2007年来到这个世界,紧接着我产后抑郁。在她6岁前,我没有体验过做母亲的快乐。孩子没完没了地生病,我和女儿没完没了地生气和冲突。我觉得,自己的孩子是世界上情绪最多、最难对付的小孩。

2013年,我接触了林文采老师的亲子课。林老师为我的人生打开了一扇窗。

女儿敏感、脆弱、情绪不稳定,和她相处的大部分时候,我要么忍着,要么大发脾气。上了林老师的课之后,我知道女儿心理营养不足,于是决心好好给孩子补一补。

那时恰逢女儿进入小学学习,我已经被太多人影响和教

导，内心充满了对孩子学习的恐惧和焦虑。我想给孩子做心理营养，但心有余而力不足。

尤其难熬的，是每天晚上陪在她旁边指导作业的时光。孩子刚入学，之前并没有提前学习，等于从零开始。她不识字，作业题目看不懂，字写得超级慢；初学拼音时，我教了一遍读错，教第二遍，不一会儿又读错。我内心越来越烦躁，进而崩溃。结果是，我陪孩子写作业不到一个月，孩子的状态越来越糟，注意力越来越不集中，写作业越来越拖拉……

终于有一天，在我一通失控的责骂之后，女儿痛哭，然后不停抽泣，直到写完当天的作业。我在旁边两眼冒火，一直盯着她。最后，在我的催促下，她收拾好书包。突然，她回过头，带着哭腔冲我喊道："妈妈，我已经很努力了！我只是想要你表扬我！"

在听到女儿的呐喊之后，我震惊了。那一刻，我突然意识到，这样下去，终有一天我会和女儿形同陌路。

女儿的呐喊叫醒了混沌的我，我要改变。林老师说，从最快见效的方法开始，先增添一点信心。

心理营养中"肯定、赞美、认同"是最容易做的，也是最困难的。一些表扬的话，一不小心就变成了空洞的口号，有些话一说出口，就变成了期待，更多时候，指责远远多于欣赏……

但我牢记林老师的话，**心理营养就是要靠时间来做，不放弃，一样一样慢慢来**，无条件接纳、重视、安全感、价值感、模范。我一路磕磕绊绊，摸索前行，有过很多困惑、很多沮丧，但值得庆幸的是，我从未放弃。我反复温习，并牢记林老师的教导，在生活中一次又一次地练习。这是我给予女儿最好的滋养，更是自我成长的最好礼物。

一、"你是怎么做到的？"——肯定、赞美、认同

林老师说，**表扬要说过程，越详细越好**。对于和孩子共同参与的活动，我都能详细表达出来，对于没能和孩子一起参与的活动，我该怎么说过程呢？一次，听我非常钦佩的赵明师兄——他也是林老师的学生，讲"肯定、赞美、认同如何做"的微课时，我记住了一句话，"你是怎么做到的？"

于是，我在和女儿的相处中，努力去践行，无论是在学习中，还是在生活上。比如，当孩子完成了一件手工或绘画作品时，当孩子跑完了800米时，当孩子获得了劳动之星时，当孩子写完了一篇作文时，当孩子养活了一盆多肉植物时，当孩子学会打羽毛球时，当孩子独自回家时……只要是我没有参与、不了解事情经过、不知道该如何说出赞美的话的时候，我就会问女儿，"你是怎么做到的？"神奇的是，从小学到初中，每当女儿听到这句问话，眼睛总是会发光。

初一时，女儿有次月考成绩不太理想。出成绩的那天，

她放学回家见到我的第一句话就是:"妈,你先看我的政治成绩。"看得出她很紧张,害怕我会批评她。我知道政治是她的最高分,就问她:"你政治居然考了94分,怎么做到的?"女儿脸上的阴霾一扫而空,兴致盎然、滔滔不绝地告诉我如何取得的这个成绩。在她说的过程中,我频频点头,发自内心地表达了对她的欣赏。这之后,她主动和我聊起了这次月考的失利,自己分析了原因,找到了方法。结束谈话时,她信心满满。

林老师说过,人要保持对世界的好奇心。

在一次次的问话里,我对孩子的世界有了越来越多的好奇,对孩子这个人有了越来越多的好奇,而孩子感受到的是重视、理解和爱。这份好奇让我对孩子有了越来越多的敬畏和了解,也让我和孩子之间的联结越来越深、越来越紧密。

我也没有忘记林老师说过,对孩子的表扬,最后要落实到他的品质上。

所以,每次孩子说完以后,我都会在第一时间真诚且坚定地向她表达我对她这个人的欣赏。比如,"这就叫专注!""这就是善良!""这个就叫毅力!""这个就是坚持,不是每一个人都能做到,但你做到了!""你坚持了自己的想法,这就叫有原则!""你尊重了自己的感受,这就叫爱自己!""你懂得什么是真正的关怀!""遇到这么大的困难,你都没有放弃,了不起!""在那么害怕的情况下你都能表达，这就是勇敢！"

每次我说完，我都能感受到女儿的喜悦和满足。对孩子来说，这是巨大的鼓励。这份滋养稳固地根植在了女儿的身体里。

二、"恭喜你！"——接纳、重视

林老师说过，在难以接纳的时候，做到对孩子的接纳，才是接纳真正的意义。

女儿受挫折、失败、做错事、产生负面情绪的时候很多，我谨记林老师的教诲，常常觉察和反思。在实践过程中，也常常会有无力感。有一次，看到我家先生应对陷入情绪中的女儿，受到很大启发，一句"恭喜你……"，不仅完成了对人和事件的接纳，还更巧妙地完成了转化。就像林老师说的，萨提亚治疗不是要消灭黑暗，而是要把光带进来。

那时女儿刚上初一，从三门功课变成七门功课，加上大量的作业，她极度不适应。连着好几天时间，女儿状态不佳，情绪低落，一回来就会唠唠叨叨地告诉我们，她今天心情不好，疲惫不堪，不想上学云云。我对女儿的状态给予了共情和接纳，但孩子的状态仍然没有变好。一天晚饭后，女儿继续愁眉苦脸地诉说，先生安静地听女儿说了好一会儿。突然，先生从沙发上拍案而起，对女儿说："恭喜你，从今天开始，你终于真真正正地成为一名中学生了！"刚听到这句话的女儿和我，都呆在原地，并未真正理解。先生接着说："女儿，这是你人生的新旅程，爸爸恭喜你！"听到这里，女儿似乎已经明白了一些。先生又接着说："走，今天必须要庆祝一下！"然后拉起女儿的手出门了，回来的时候，买了一大堆孩子喜欢的零食。神奇的是，从第二天开始，女儿精神饱满地投入了初中生活。

这个简单的"恭喜你"，里面包含了对孩子状态的接纳，也赋予了消极事件以正面的意义。在一瞬间，孩子获得了力量，同时，还制造了林老师所说的仪式感，让孩子获得价值感的同时，也收获了重视。有了这次经验之后，我又有过多次尝试，效果很好。但必须强调的是，作为父母的我们，一定要先看到事件里正面的意义，诚实而又有力量地表达，才会让孩子信服。

不久前，孩子参加学区联考。考完放学后，她突然来到我的办公室，而没有像平时那样自己回家，我觉得很意外，心想一定有特别的事情发生。果然，我刚问完"发生什么事了？"女儿的眼眶就红了，她说："今天数学考试太紧张，加上题目很多，考铃打响的时候，我正好写完最后一题。交了试卷以后，我才想起来，选择题好像忘记填写答题卡了。"说着说着，女儿哭出了声，"如果选择题全部扣分，那我这次数学肯定不及格。"刚听到女儿说的那一刻，我很着急，脱口而出："啊？那怎么办？"女儿哭得更厉害了，我的反应让女儿更委屈、更难过了。

我平静下来,去觉察自己的情绪,有不满和失望。对于刚刚经历失败的孩子来说,这是更沉重的打击。"一次考试的失败代表什么?"我在心里问自己,"孩子很失败?孩子不够努力?孩子很笨?孩子的学习完蛋了?……又或者是,我很失败?我做得不够?我很差劲……"都没有!相反,回过神来以后,我看到的是,女儿对我的信任,她对考试的重视,她为学习付出的努力……

看到这些以后,我内心变得坦然而欣慰,笑着说:"女儿,妈妈恭喜你,这是你即将体验的人生第一次——考试不及格。不论最后能否实现,我都相信它意义非凡。"女儿停止了哭泣看着我。之后我们聊了很多关于她考试时的紧张和害怕,她的努力和付出……晚上,我们一家三口开开心心地聚餐,庆祝女儿难得的人生体验。从此之后,女儿对考试的紧张和害怕减少了很多。

三、"你需要我做什么吗?"——信任

从一年级陪伴孩子做作业失败开始,我就下定决心,信任孩子,让她对自己负责。林老师说过,没有孩子会故意犯错,想要做好、被人喜欢是每一个人的天性,所有的孩子都是向上和向善的。

这些年来,无论孩子是在学习中遇到了困难,还是在

同朋友、同学的关系里出现了状况，我会首先当一个倾听者，不指责、不评判、不主动给建议。等孩子说完，最后我会问孩子："你需要我做什么吗？"或是："你需要我帮忙吗？"很神奇的是，大部分时候，女儿都会告诉我："不需要。"而且经过我的观察，她的确有能力自己处理好。只有很少的时候，她会主动要求帮助，而这个时候，我只需要按照她的要求去做就行了。

记得女儿小学二年级的时候，有一天回来就喊："气死我了！"我问她怎么了，她说："坐在后面的男生很讨厌，总是打我。"我一听就激动了，但还是有所克制地耐心询问了女儿具体的情况。原来，这周轮换座位，坐女儿后面的男孩子很调皮，常常用打人的方式和别人互动，上课过程中或是下课时，常常无缘由地对女儿挥拳，女儿警告了他多次没用，只好报告了老师，可还是效果不佳。虽然很担心，但我还是决定尊重女儿，我问她："需要我做什么吗？"女儿稍微迟疑了一会儿，然后回答说："暂时不用。"

一个星期以后，班主任主动联系我，告诉我说，今天女儿做了一件让她很欣赏的事情。原来，当天做眼保健操的时候，可能是坐在后面的男生又动手了，只听见女儿一声怒吼："×××，我告诉你，我已经忍无可忍了！"随后，只听见"啪"的一声，女儿狠狠朝男生的背部打了一巴掌。当时，包括那个男生在内的所有同学都愣住了，全班鸦雀无声,女儿小脸涨得通红。班主任告诉我,女儿是班里第一个敢反抗这个男生不良行为的人。班主任借着这个契机,在班上开展了一次班队活动,通过角色互换的方式,来体验并找到同学间友好相处最舒服的方式。

后来,女儿和我聊天时说,她当时也很害怕,因为对方又高又壮,自己肯定打不过,但他已经触到了自己能承受的底线,所以忍无可忍,必须要实施霹雳行动。交谈中,女儿还透露,就是因为老师在场,她觉得就算那个男生还手,也不会太过分。我不禁暗暗佩服女儿的应变能力,同时也更加坚信,孩子各方面的能力早已远远超出我们的想象。

在女儿的学习上,我也同样选择信任。女儿从小学到初中,虽然没有参加过任何补习班,但我看到女儿一直非常努力。用女儿老师的话说,她考试取得的每一分成绩,都是她自己认认真真、勤勤恳恳换来的。一次期末考试,有两天周末的复习时间,老师并未布置作业。周五,女儿一回家就告诉我:"妈妈,我不想复习,我觉得最近特别累,这两天我需要休息一下。"确实,因为临近考试,初中不比小学,学校抓得很紧,孩子的作业量增加了很多,天天考试,成年人都吃不消,何况是孩子。先生也说:"让她好好休息,成绩的高低不靠这两天。"我的心更定了,对女儿说:"好的,这两天的时间,你有自己安排的权利,如果需要爸爸妈妈做什么就说。"

那两天，女儿果然连书本都没有碰一下，安安心心睡了两天懒觉，时不时看看杂书，在院子里打打羽毛球，还抽空在电脑上看了自己最喜欢的综艺节目，然后周一精神抖擞地赶赴考场。

私底下我和先生达成了一致。即使这次孩子没有考好，也未尝不是孩子人生的一次体验，以女儿的悟性，她是会主动从中得到收获的。而神奇的是，女儿的这次考试成绩，超越了她前期的每一次考试。

信任，给了孩子价值感和安全感，让孩子在学习上既主动又自律，它激活了孩子的内驱力，也让我们做父母的既轻松又自在。

四、"你的需求很好，是妈妈能力有限，满足不了你。"——模范

林老师曾经说过，在养育孩子的过程里，拼的是谁是孩子的重要他人。一旦成为孩子的重要他人，你的一言一行都是孩子待人处事的标准。为此，我曾经非常惶恐，觉得自己不够好，一定会给孩子很多负面的影响。所以，我遇到很多事情时会瞻前顾后、患得患失，孩子反而情绪更多，状况不少。随着与孩子的同步成长，我慢慢学会了诚实，当我做得到的时候，我努力做好；当我做不到的时候，我便坦然地承认做不到。在做不到的时候，我会告诉女儿：不是你不好，

或是：你的需要很好，是妈妈能力有限，满足不了你。

我很喜欢爬山，常常带着女儿一起爬山，如果爬山的时候，是一大队人马，我一定会走得很快。女儿小，体力弱，常常跟不上我，她会很生气、很失落、很难过。尽管女儿每次都明确表达她需要我的陪伴、鼓励和支持，可是，我每次都做不到，因为我在小时候，有一个落后是可耻、可悲、可怜的创伤，所以会条件反射，启动自动向前的模式。我羞于向女儿坦诚，所以每次都会不欢而散。

后来有一次，暑假和伙伴登山时，女儿又落在了最后，她努力想赶上我，可体力不支，只能边哭边求我等她。到达山顶后，女儿羞愧地再次哭了起来。那一刻，我意识到孩子正在经历我当年的创伤。我决定诚实告诉她我当年的经历，并和女儿交流了她的感受。最后，我坦诚地说："女儿，你的需求没有错，是妈妈没有能力满足你。"女儿听了，整个人放松了下来。从这次以后，和女儿爬山时，她仍然会要求我等她，但她不会再纠结，也不会再有情绪。

后来，我常常会在孩子有需要，而自己能力达不到的时候，诚实地向她表达说："不是你的原因，你很好，是妈妈没有能力满足你。"我慢慢发现，孩子对自己的认知越来越稳定，也越来越中肯。年前，女儿和我的同事聊天，同事问起了她的学习情况。女儿大方地说："我觉得我算得上是一个优秀的人，成绩良好，和同学相处不错，喜欢画画和手工,虽然体育差了一点,身材胖了一点,但无伤大雅。"同事听了,和女儿一起哈哈大笑了起来。

成长是一个过程,作为父母的我们,不可能完美。我是孩子的重要他人,如果我能坦然面对自己的不足和错误,并积极努力地去改善,我相信孩子也会学会坦然面对真实的自己和真实的世界,并且有力量去发展和改善自己。

林老师的心理营养不仅滋养了我的女儿,也滋养了我自己,不仅为我女儿的生命涂上了幸福的底色,也给我的生命创造了幸福的可能。

林文采老师点评:

一、这篇文章对于怎么做肯定、赞美、认同,提到了三个要点:

1. 问孩子:你是怎么做到的?

2. 对孩子做的事情产生兴趣,有好奇心。

3. 更多注重的,不是孩子的成就,而是孩子展现出来的人格品质。

文中有很多可以参考的句子。

二、文章里面提到了孩子面对被打扰、被欺负的案例,我特别想讲讲几个处理的方法:

1. 孩子在学校被欺负,一定不能只教导孩子忍耐。这是必须处理的事情,否则孩子就会觉得自己无助,进而变得愤怒。

2. 我们也不要叫孩子直接去跟老师讲，除非孩子被肢体伤害。因为老师的一般方法，是会直接向父母投诉，而这样的孩子的父母一听到老师投诉，就会暴打孩子。孩子没法反抗，但会认为惩罚过重，会记恨我们的孩子。

3. 也不能简单粗暴地叫孩子直接反击打人，一般是要先告诉这个欺负人的孩子：我不喜欢你这样对我，我希望你能够如何如何，否则我妈妈会来找你的。另外一点是，如果真要反击，一定要评估自己的安全。比如，文章里的孩子就考虑到是在课堂上，老师能够保护她，这点是很重要的。现在，很多父母都是教导孩子，如果被欺负就直接打回去，这基本是对的，但是也要考虑安全。如果两人是在没人的地方，而欺负人的孩子又特别高大，被欺负的孩子最好是让父母来帮助他比较好。

4. 如果孩子继续被欺负，父母是一定要出手不能退缩的。你只需要去和这个欺负人的孩子说："我听说你对我家孩子做了这些事，他很不开心。其实他挺欣赏你的，觉得你很勇敢，所以我们不愿意向老师或你的父母投诉，免得你被骂或被处罚。你能够做我孩子的好朋友，甚至保护他吗？我相信你是可以做到的。如果我孩子再告诉我你欺负他，我会再来找你。"一般有父母前来，这些孩子就不敢再欺负你家孩子了。

心理营养可治百病

赵 焱

> 啃手指、胆小、拒绝上幼儿园、无条件接纳、和孩子玩游戏、坚持"三个不做、只做一个"

5年之前,我深信"男人负责赚钱养家,女人负责做饭带娃"。所以,我在孩子还不到2岁的时候,就接受外派到离家千里之外的城市工作,因为我要多赚钱,为家人提供更好的物质条件,至于养育孩子,那是妈妈的事情。

一次回家期间,带孩子去参加朋友聚会。我发现4岁的儿子不断咬手指、咬衣服领子,我多次提醒他不要咬了,但是基本没有用。我说得越多,他越紧张,最后甚至开始咬凳子。面对满桌的同事和朋友,我羞愧得无地自容,赶紧找了个借口,带着孩子早早离席。

那一次回家,让我记忆深刻。我不但发现孩子咬衣角、咬手指,还发现孩子异常胆小,什么都不敢做,嘴上说不想去，实则是心里很害怕，而且妻子情绪焦虑，明显已进入了病态。我清晰地记得，有一次，我们带孩子去游乐场玩充气床，周围都是三四岁的小朋友，由于充气床很软，走两步就会摔倒，小朋友玩得不亦乐乎……突然，我妻子像疯了一样，冲向充气床，大喊大叫，不顾工作人员的阻拦，非要进去，原来有一个小朋友压在了儿子的身上。其实，两个小朋友是在闹着玩呢，妻子大喊大叫，儿子被妈妈吓得惊慌失措，默默地流泪。

为了找到让孩子不再咬手指的办法，我开始四处"求医问药"。可是，当你有多个钟表的时候，你根本无法知道准确的时间。有人说要用"指甲水"，有人说要用爱去包容和接纳孩子，有人说要制订规则……

我希望从"根"上搞清楚，孩子为什么会咬手指，我到底该怎么办？从此，我走上了育儿探索的道路。随着不断地学习家庭教育，我才发现自己是"无知者无畏"。我们曾经以爱的名义犯下了很多的错，但是从来不自知，一直以为自己做的都是对的。这一点，正印证了萨提亚所说的，"父母在任何时候都是尽他们可能去做的"。

我认为咬手指很脏，所以一遍又一遍阻止他的行为，不断地把他的手从嘴里拿出来。

我认为男人不应该哭，所以一遍又一遍地责问他："哭有用吗？没有用你为什么还哭？"

我认为重要的是家庭的物质条件，所有的辛酸劳累，我一个人来背，妻子只负责全职带娃。

2016年，我辞去了外派的职务，搬家到西安。儿子快5岁了，一家人终于生活在一起了，但是儿子咬衣角、啃手指的问题，依然没有解决。

2017年年初，我认识了何燕老师。未曾谋面，我就被何老师所感染。仅通过她的声音、语调，我在电话这一头，就感受到了温暖和包容。只是凭借这份感觉，我就听了何老师的建议，报了林文采博士亲子关系工作坊的课程。那时，我不知道萨提亚是什么，不知道林老师是谁，我只是相信何老师值得信赖。

第一次在榆林听完林老师亲子关系工作坊的课程，感受到的就是两个字：震撼。林老师的课程，全程没有一句废话，开场的第一句就是，"沟通的层次是……"干货满到没有一个废字。没有炫耀的PPT，只有简单的板书，简单却有无穷的魔力，我从头听到尾，不舍得离开一秒。

男人的理性和逻辑，让我更喜欢追求事情本来的真相，更希望寻求内在的逻辑关系，而林老师的亲子课，正好满足了我的需求。恰到好处的比喻，让我很容易理解什么是心理营养。如果一个孩子的心理营养足够，他们就会茁壮成长，如果一个孩子缺少心理营养，他们就会出现三种状况，一是情绪不稳定（过激），二是人际关系有障碍，三是偏差行为。

林老师有20多年的咨询经验，这是能够为这个逻辑关系背书的。这次课程让我清楚地知道了孩子之所以存在偏差行为，是因为心理营养不够，我需要做的就是"三个不做、只做一个"。

到那一刻，我终于找到了问题的根源，我也看到了改变的希望。

那一刻，我看见了爱。

对照"三个不做"，前两个我们基本很少做，问题主要出在"妈妈有焦虑情绪"上。现在回想起来，这个不能埋怨妻子。2010年儿子刚出生，我就调入联想新成立的MIDH（智能手机）团队，任新疆分区总经理。新职能、新业务、新团队，所有都是新的，我承担着前所未有的压力，每天早出晚归，将所有的精力和时间都用在了工作上。

今天回想起来，我竟然没有任何与儿子互动的印象。带孩子的事全部交给了妻子，妻子也是第一次做妈妈。为了不耽误我的工作，她从来没有给我提过任何要求，所有的苦和压力，都是她一个人在承担。一方面没有人和她分担，另一方面又担心把孩子宠坏了，所以妻子对孩子的养育，基本都是跟着情绪走，心情好的时候，像个孩子一样，陪孩子在床上玩枕头大战，心情不好的时候，因为儿子舔了一下红酒瓶盖，就罚孩子面壁半小时……

在焦虑的背后,我看到了妻子对我的爱,对家庭的付出。

我看到了妻子对孩子的爱,她因为爱而担心、恐惧……

看见爱,我要努力活出爱。

当我们全家搬到西安后,这个问题得到了极大的缓解。我主动从管理岗调到了后勤岗,过起了朝九晚五的正常生活。每天吃过饭,我们一家三口会在小区里散步,玩捉迷藏,数消防栓,一起讲故事……妻子不再那么焦虑了,仅仅3个月,孩子咬衣角、啃手指的情况减少了,但偶尔还会有。**妻子曾说,那是结婚7年以来,最幸福的时光!**

来西安之前,孩子在新疆上幼儿园。**每次送孩子上幼儿园,对妻子来讲,都是一场噩梦。**孩子抱着妈妈的腿,哭得撕心裂肺,一边哭,一边喊"妈妈,我不去幼儿园,我不去幼儿园"。当时,妻子多次给我打电话说孩子不去幼儿园,我态度很坚决,"他不想去就不去?由着他,岂不是翻天了,必须送进去。"妻子没有办法,每天都得费很大的劲,才能把孩子送到幼儿园。老师和周围的邻居都劝她,"孩子哭是正常的,两三周就好了。"**可孩子哭了将近半年,依然没有缓解。**有一次,我亲眼看到孩子半夜突然坐起来号啕大哭,"妈妈,我不去幼儿园,我不去幼儿园",哭得伤心欲绝,哭得我心都碎了。从那天起,我和妻子就不再逼着孩子去幼儿园了。

到了西安之后，提起幼儿园三个字，孩子就默默地流眼泪。我想起林老师说的，孩子需要的第一种心理营养，就是"无条件的接纳"。我们坚持照做，妻子每天陪孩子在家里读故事，在小区里玩，去不同的幼儿园门口转转，但是从来没有强迫孩子去。没过两周，孩子说："妈妈，我们去小区那个幼儿园看看吧。"再过两周，孩子拉着我的手，告诉我说："爸爸，我们幼儿园叫心梦儿童之家，老师可好了，我带你去参观一下。"

儿子爱上了幼儿园，很快在幼儿园交到了好朋友。只要有时间，我就邀请儿子的好朋友们来家里玩。没人来家里的时候，我就陪儿子玩。那段时间儿子非常喜欢植物大战僵尸，我就买了回来，每天像个傻子一样，陪他玩。为啥说像傻子一样呢？因为他基本不讲道理，一个土豆可以杀死我的全部僵尸，我还得配合他，就这样，我一遍一遍地被虐死。他会想出很多稀奇古怪的点子，比如让我的迈克·杰克逊僵尸跳个舞，就可以复活所有的僵尸。然后，我们重新再战，准确地说，是我被他再虐一遍，真可谓"儿子虐我千百遍，我待儿子如初见"。我们一起打扑克牌，一起下五子棋，一起在小区里翻越"单面网"，儿子越来越自信，越来越有勇气，即便是输了，也会说："我不服气，我们再来一局。"林老师说的五朵金花，正在孩子身上一朵朵地开放。

我们积极参加幼儿园组织的每一次活动，无论是爬山，还是亲子运动会，别人家，通常是爷爷奶奶参加，最多是妈妈参加，我们家，永远都是爸爸妈妈同时参加。短短的一年时间，孩子发生了翻天覆地的变化，咬衣角、啃手指的情况基本没有了，性格也变得开朗大方了，成了班里人见人爱的小伙子。每次出去玩，大家都会坐在他周围，幼儿园的老师都说，孩子和以前刚来时，简直判若两人。

很快，孩子要从幼儿园毕业了。老师说，要给孩子拍毕业照，家长可以参与。为了给孩子一个惊喜，我准备穿上正装和孩子拍个合影。当天是39度的高温，我穿着长衣长裤走到拍摄地的时候，整个后背已经湿透了。我忽然看到有个小朋友从远方向我跑来，难道是儿子？他会不会跑过来，扑进我的怀里？这个镜头我在心里幻想过无数次，但是从来没有实现过。儿子很少和我亲近，每次拥抱的时候，都只是用肩膀碰一碰我的肩膀，从来不会用整个身体贴住我。所以，我很期待，儿子能远远跑过来扑进我的怀里。那一天，这个梦想实现了。5年了，儿子第一次扑进我的怀里，和我如此心贴心。我把他紧紧地抱在怀里。我什么都没有说，我知道，我给他的心理营养，他收到了。

从我跟随林老师学习心理营养以来，我就坚持把"三个不做、只做一个"，应用到生活中，不仅如此，我还把它应用到了我的工作中。辞职以后，我专职从事家庭教育工作。从2016年9月到现在，我已陆续带领了43期"好父母21天成长营——心理营养践行日记"。我们以发现优势为主线，以如何与孩子沟通为辅线，每天手把手地教导父母如何给孩子做简单的心理营养。我们神奇地发现，只要你能坚持"三个不做、只做一个"，真的可以做到"心理营养，可治百病"。

这些年，我跟随林老师学习了所有课程。我希望成为一个闹钟，用我的声音去唤醒更多沉睡的家庭，用我毕生的精力去传播林文采老师的心理营养理念，让更多的孩子受到爱的滋养。

看见爱，活出爱，传播爱！

林文采老师点评：

一、有两点，我想让大家多思考和学习。第一个是，孩子啃手指代表了什么？有人告诉我，很多小学一年级的孩子都在啃手指，但因为问题不大，没有被重视。其实，啃手指一般就是因为孩子很焦虑。像文中的孩子，什么都咬，其实显示了他十分焦虑。而一般孩子如此焦虑，是因为他的母亲很焦虑，这从他不愿意上幼儿园可以看出来。如果孩子上幼儿园时，虽然有哭闹，等母亲走后不久，孩子就不哭闹了，那么孩子是没有问题的。但是，文中的孩子过了半年，还撕心裂肺地哭闹，就表示孩子还没有和妈妈分离好，还在共生状态。如果孩子在心理上还没有和妈妈分离，却要面对生理上的分离，孩子的感觉就是崩溃，所以会撕心裂肺地哭闹。

幸好作者接纳了孩子，让孩子慢慢能在父母的陪同下适应环境，自己主动选择上幼儿园。大家可以参考这个做法，就是把分离分成很多个阶段来进行，而不要求一步到位。越有安全感的孩子，可以越早和家人分离。不必急着让孩子上幼儿园。上幼儿园，其实不那么重要。6岁前，孩子最好的学习的地方，其实是家庭，而不是学校。

二、我特别想在这里说说，和孩子玩游戏好处有多么的大。一般孩子在4岁过后，会特别喜欢和爸爸互动。游戏的过程，可以大量激发孩子的五官整合能力。4岁到7岁的孩子，正处在大脑发育的高峰期，受到的刺激越多，大脑的神经突触就会越多。如果在玩游戏的过程中，爸爸能接纳孩子、引导孩子、肯定孩子，孩子将来的自信、勇气、毅力，包括智商，都会大大提高。和孩子玩游戏，是爸爸能给孩子的最好的礼物。当然，肯定、赞美、认同是不可少的心理营养。

从问题儿童到好学生的逆袭之路

陈结珍

> 胆小怕事、容易哭闹、爱发脾气、不合群、注意力不集中、父母"心理营养"的补充、注意人格类型的优缺点

一、我遇到的困难

我儿子,以前在我眼里,是一个不折不扣的行为偏差儿童。从他很小的时候,我就发现他特别胆小怕事,总是不能像其他小朋友那样,可以一个人勇敢地尝试,无论我们怎么鼓励他,他也不愿意放开我们的手,什么事情都要拉着我们一起去做。他的意志力特别差,不耐挫折,遇上小小的困难便要放弃,容易赌气,易哭易闹,一生气就会把正在玩的东西随手一扔,弄得到处都是,就算大声说他,他也不会去收拾。

最让我头痛的是,他的脾气特别大。如果我说的话他不爱听,就会随手脱下拖鞋朝我扔过来。他生气的时候,会用力"啪"的一声把门关上,把自己反锁在房间里,没有一个

小时不出来。就算出来了,也是气鼓鼓的,一直说着气话,惹得大家非常不高兴,家里总是笼罩着紧张的气氛。

上幼儿园后,幼儿园的老师告诉我,在幼儿园里,他不喜欢和其他的小朋友玩。当大家一起玩得很开心的时候,他会一个人躲在角落里面,突然大叫起来。他的注意力非常不集中,上课老是坐不住,头经常转来转去到处看,一节课下来,没有几分钟是认真听老师讲课的。

上了小学以后,我与儿子之间的冲突就更明显了。因为我曾经做过老师,对儿子的作业要求相对严格。我小学时候成绩非常好,觉得儿子应该也会像我一样,小学的知识这么简单,应该可以学得很好的。但是,我发现儿子让我非常失望,作业做得非常马虎,书写潦草,老师经常留下严厉要求修改的评语。

我当时对儿子的作业管得非常严格,我以为我抓得紧,儿子就会学得好。所以,当儿子做完作业后,我会一项一项认真检查,**发现哪里写得不好,一定要让他擦掉重新写**,有时候弄到很晚才能睡觉。儿子感到非常委屈,老是哭着说,怎么上学后,没有自己玩的时间了?儿子的成绩一直只是中等水平,不会很差,但是也不算特别好,他特别粗心,书写很是糟糕。

记得有一天晚上,我下班回来已经快9点了。检查他的作业时,发现很多字写得不好,便勒令他把写得不好的字擦掉，重新再写。当儿子拿出橡皮的时候，我发现橡皮被他弄得都是小洞洞，碎得都快要用不了了，一看就知道他是上课没有认真听讲，用铅笔戳橡皮玩。

顿时我的火就上来了，顺手把他的橡皮扔进了垃圾桶里。儿子马上也火了，把我从身旁推开，随手脱下拖鞋朝我扔过来，并且把桌子上的作业统统横扫在地上。我生气极了，大声骂他，我白天上班这么辛苦，晚上回来还要管他作业，骂他不懂得体谅我的辛劳，骂他对自己的作业不负责任。儿子委屈得哭起来，婆婆埋怨我不懂得教育孩子，害她心跳加速，晚上又失眠了。

有一回给儿子检查完作业，儿子哭着说，想要离家出走。那天他真的跑出门去，但可能不知道去哪里，在门口站了一会儿，最后还是回来了。之后就一整天再也没有跟我说过话。

我是一个很好学的人，儿子出生之后，我看了无数的育儿文章，参加过很多育儿讲座。但是，问题还是有，脾气还是会发。**我知道儿子存在问题，其实是养育者，特别是我的原因。道理我是懂的，只是没有一个方法，能根本解决我的问题。**

二、与心理营养结缘

在我儿子3岁和5岁的时候，我都有幸参加过心理营养的讲座。当时知道，孩子出生后3个月内，需要的第一个心理营养——无条件的接纳，我没有能够给他，永远错过了。

如果在孩子最需要补充心理营养的阶段错过了，要如何做，讲座好像没有仔细讲。而且，在我的眼里，儿子哪里都是问题，怎么看都不顺眼，我自己也因为他的问题烦躁不已，觉得补充心理营养这个方法好像不怎么管用，也不知道如何做起。

一个偶然的机会，我听了一个电台的节目，节目的主持人，正是心理营养讲座的主讲人。

主持人的声音很温柔，有一种能进入人灵魂深处的感觉，特别是版头的那句话，"只有内心平静，才有外在安宁"，一下子触动了我的心灵。这个节目让我有了一种突然身心放松的感觉，我一有空就听节目回放，我那颗焦虑的心，慢慢放松下来。

节目中多次提到心理营养，我慢慢了解到心理营养是一个人成长的必需品，如果缺少心理营养的话，就会出现很多问题。

我开始慢慢反思儿子出现问题的原因，他的偏差行为、他和我之间紧张的关系，所有的这些问题，除他没有得到足够的心理营养之外，最根本的原因是我的心理营养不足。如果自己的内心没有足够的心理营养，根本没有办法给儿子，就算给了，也是没有力量的，持续不了多久，就像你只有10

元，你如何给别人20元呢？

我的心理营养不足，所以累积了大量的情绪，这些无处安放的情绪，像山洪倾泻一般，往儿子身上倒去，儿子吸收了我大量的情绪，理所当然地成为问题儿童。我决定从根本上处理这个问题，我要把心理营养做在自己身上，做自己的优秀父母。

我购买了林老师的线上视频课程，去了解"童年缺失的心理营养，如何在成年后补充"。我开始把心理营养，一点一点地做在自己的身上。

首先是无条件接纳。我本身对自己比较严格，对别人也比较严格，所以很容易看到儿子的缺点，也不会发自内心欣赏儿子的优点。我学着接纳自己，宽容自己，当我可以做到自我接纳的时候，对儿子会更加宽容，不会老是揪着儿子的缺点不放。

以前，我一直觉得自己不是很重要，忽略了自己内心的需求。当我觉得自己不重要的时候，我把时间、精力都放在儿子身上，忽略了自己的感受。我学着把自己看得重要一些，把时间和精力放一些在自己的身上，做一些让自己快乐的事情。慢慢地，我不会把儿子的喜怒哀乐、做事情的好坏看得那么重要了。我开始认识到，儿子是重要的，我也是重要的。

我本身是安全感不足的人，所以喜欢让儿子按照我的想法去做，害怕他做不好。我学着增加自己的安全感，尝试尊重儿子，相信儿子，不去过多干涉儿子的事情，放心让儿子去创造属于他自己的生活。

此外，每天晚上，我试着在临睡前，给自己做自我肯定、赞美、认同。过了一段时间，我的身心变得非常放松，而且很容易看到别人的优点，容易发自内心欣赏别人，喜欢别人，这样也不会揪着儿子的缺点不放了。

我的心慢慢平静下来，不像以前那样烦躁和焦虑，身心变得放松了，内心变得温柔了。说也奇怪，以前看儿子，一眼就看到儿子的问题，只想着如何去改变儿子，现在很容易就看到他的优点，以前觉得肯定、赞美、认可他很难，但是现在觉得很容易。

林老师的视频课里，还介绍了不同天生气质的人的区别，以及养育方式的注意事项。我是忧郁型的，而我的儿子是乐天型的，做事情不会像我那样认真，指责和批评不会让他有所改变，反而会引起他强烈的对抗情绪。我的养育方式严重遏制他的天性发展，导致他产生了各种问题。

我根据儿子的天性，给予他最需要的肯定、赞美和认同。和原来专挑毛病不一样，我现在经常会问儿子："你看一下，你觉得哪里是做得好的？"儿子做了一点点家务，比如摆好碗筷的时候，我会说："哇，儿子，谢谢你给我们做好了餐前准备！"我会从孩子的作业里面挑几个写得好看的字,很惊讶地说:"哇,你的书写进步很大,这几个字写得好好看哦!"当我关注到儿子好的地方的时候,儿子就慢慢地朝好的地方发展了。他的作业书写变好看了,做家务也积极了,而且乐在其中。

所以,我自身的变化,不知不觉带来了我想要的结果。

原来我一直把儿子的学习抓得很紧,希望儿子有好的成绩,但是结果却不尽如人意。现在,我放手让儿子自主学习,学习的事情不再更多过问。我经常挂在嘴边的是,"**我不是你的老师,我是你的妈妈,我是负责爱你的,我相信你会做得很好**"。慢慢地,儿子报喜的机会多了,满分的时候多了,作文经常作为范文在全班展示,还被数学老师挑去当竞赛辅导生。一个问题儿童,变成了老师眼里的好学生。

儿子的笑容多了,我们之间的矛盾少了。就算有矛盾,有争执,也会找到理性的方法解决,不会像以前那样任由负面情绪在家里肆虐,让大家不得安宁。

儿子现在变得很独立,很多时候都可以勇敢地去面对问题和解决问题。有时候我遇到了问题,他会反过来安慰说:"妈妈,你放松一点,冷静一点,一定会想到方法解决的。"

儿子现在特别喜欢讲甜言蜜语哄我开心,跟他在一起的时光,特别喜悦。家里欢乐的时光多起来了,每次亲子时间，都是我最快乐和期待的时光。我现在非常珍惜和儿子相处的每分每秒，我知道，儿子慢慢长大，依恋我们的时间不多了。

我和儿子转变的过程，大概也就历经半年左右。

半年时间，足以让一个焦虑的妈妈变成一个情绪稳定的妈妈。

半年时间，足以让一个问题儿童变成一个好学生。

我会继续给儿子和身边的人增加心理营养，让每个人都朝着想要的方向发展。

三、我的总结

每个人外在的改变，都可以通过增加心理营养来实现。如果想给孩子心理营养，家长先要自己补充足够。内心没有足够心理营养的父母，不会有足够的爱，也不会懂得爱孩子。

不尊重孩子的天性，只想着按照自己的标准去改变孩子，注定是会失败的。

只有自己的内在充实与平静，才能放下内心的焦虑和控制欲。

孩子的转变过程，是家长的自我疗愈过程。

养育孩子的过程，也是家长自我修行的过程。

林文采老师点评：

　　一、本文印证了家庭治疗领域很有名的一句话，"孩子的人格是由家庭塑造出来的。"孩子不是一张白纸，他带着一整套的天生气质，带着男孩或女孩的独特气质，来到我们的家庭。当父母按照自己小时候的情况，强求孩子的时候，问题就来了。比如本文中的孩子，小时候敏感又内向，其实敏感有敏感的好处，内向也有内向的优点。可是，妈妈就希望自己的孩子外向大方，勇敢认真。四五岁的孩子都是尽力而为的，他也许就和妈妈小时候不一样，如果不能被接纳，在不断的嫌弃、责怪之下，孩子只会更加胆怯和内向。慢慢地，孩子就会开始愤怒了：怎么做都不能满足你的要求，我做不到！但是，妈妈却认为：你是可以的，你就是不听话、不努力。

　　二、很多妈妈没法接纳孩子的有限，只是不断用自己的期待去要求孩子。当孩子开始抗拒和发怒时，父母的典型方法就是惩罚，比如文中妈妈觉得孩子的作业做得不好，就要他擦干净重新做。其实，对乐天型的孩子来说，能把作业都做完，就已经不容易了。竟然因为字没写好、线没画直，就要擦掉重做，大部分的乐天型孩子都是不愿意的。正确的方法，就是后来妈妈做的，先去肯定孩子已经把功课做完了，再问孩子他觉得自己在哪些方面做得好，反其道而行。半年过后，你会看到自己的孩子越来越喜欢做作业，也会越做越好的。

三、从文中大家可以看到，孩子从胆小，不合群，不适当地大叫，到没法集中注意力，东张西望，一般这样的孩子，会被老师投诉。一去检查，就会被标签为统感失调，或者是有注意力障碍。其实，我可以很负责任地告诉大家：孩子出现这种情况，是因为孩子的内在有很多没有办法表达的情绪，这些情绪会干扰他的大脑和注意力。为什么有这么多情绪呢？归根结底是因为重要他人，也就是父母没有给他足够的心理营养。你看，当作者开始给孩子心理营养以后，在半年内，孩子的各种问题就解决了。

四、最后说说孩子的学习问题。这可能也是大家很关心的问题。如何帮助孩子学习呢？不外乎在两方面下功夫：

1. 想办法增加孩子的学习兴趣。让孩子对某个科目产生兴趣，一般就是把科目学习变成像玩游戏那样有趣。具体的方法，可以是唱，可以是做试验，可以是讲故事，等等。

2. 如果孩子真的对某个科目提不起兴趣，怎么办呢？那么就需要靠重要他人的肯定、赞美、认同，来给予孩子大量的能量了。孩子会为了他很想得到的心理营养而把学业做好，因为得到重要他人的肯定，对每一个孩子都是重要的，这能激发孩子努力学习。如果孩子觉得不管怎么努力都没用，就会放弃学习。

妈妈，我只是个普通孩子

李爱霞

> 母亲期许过高、孩子焦虑、成绩下滑、厌学、注重孩子的感受、尊重孩子的选择、接纳孩子的平凡

周末整理房间时，无意间翻出女儿初二时给我写的几张卡片。卡片是这样写的：妈妈，我只能说我很讨厌"别人家的孩子"，为什么在你眼中，他们只因一个优点而满身荣耀，而我却因为一个缺点而掩盖了所有的优点。我是你的女儿，我必须听你的，不管我有多少想法，你每件事都有充足的理由说服我。我会听你的，因为我是女儿，你是妈妈……写到现在，我已经从最开始的生气、委屈、不服气，变成了平心静气。我已经忘了你吼我的分贝，以及我心跳得多么有力，我总是一点都不记恨你吵我、训我，因为你是我妈，是我唯一依靠的人。我希望我们能在一些问题上达成共识，手机毕竟是你掌握主权，拿走就拿走吧，但我要看电视。

当时，因为她玩手机而被我训斥，并没收了手机。

看完女儿的卡片，回想起自己曾经在教育女儿时的焦虑、控制欲和急躁，不由得感到一丝羞愧。当时，只觉得女儿稚嫩的话语很可笑，现在回看却感慨良多。年幼的女儿，在没有任何心理学基础的情况下，就能很准确地捕捉自己的情绪，用书写的方式释放情绪，还尝试与我做一致性沟通，表达她真实的想法。而这些我却用了漫长的几年时间，才逐步懂得。原来，孩子才是我最初的老师。

20年前，我成为一个幸福的妈妈。从怀孕开始，我就不断地学习胎教、育儿法，做保健操，希望优生优育，养育一个优秀的孩子。当孩子呱呱坠地那一刻，我的生命历程便以她为核心而展开了。

从她出生起，我便努力为她提供最好的条件，让她吃最好的奶粉，用最好的尿不湿，玩最好的玩具，穿最漂亮的衣服，上最好的幼儿园，进最好的学校，而我也自认为是一个最称职的妈妈，几乎把生活的重心都放在孩子的身上。为此，我放弃了自己的兴趣爱好和业余生活，全心全意地陪在她身边，一手包办她的学习和生活，细致入微地照顾她，接送她上下学，带她穿梭于各种兴趣课堂，指导她写作业，替她做板报，像个影子一样跟着她……不辞辛苦地为她做一切，希望她成为最优秀的孩子。

孩子也挺争气，从幼儿园到小学，成绩一直名列前茅，而且舞蹈、书法、表演、写作，一点都不耽误，拿了不少奖，还是班里的班长。周围认识的朋友，纷纷表示羡慕，并向我取经，我也不由得沾沾自喜，自以为是地炫耀自己的育儿经。

但女儿上了初中以后，成绩却越来越不稳定，由班里的前几名，直接下滑到了第20名。当时，我非常焦急，加大了对她学习的监督，每天陪着她一起写作业，挨个检查，错题要立刻重做，还买了大量的辅导书，在校外找了经验丰富的辅导老师，用各种方式揠苗助长。在这样的高压下，女儿的成绩时好时差，极不稳定，情绪也变得不稳定，甚而有些叛逆。

我也常因此给女儿施加各种压力，"你是一个优秀的孩子，不要把自己当成一个普通孩子，要对自己要求高点。"当时，女儿和我说过一句话，我至今记忆犹新。"妈妈，其实我根本就没那么优秀，我就是个普通孩子。"而我完全不愿意接受，仍然不断地鞭策她，但是她的成绩却不断下滑，情绪也越来越多，甚至出现了咬指甲、胃疼、拉肚子等焦虑症状。看着自己心目中那个完美孩子，变成了普通孩子，甚至可能成为问题孩子，我陷入了困境。

我如此地爱她，全身心地为她付出，为什么会是这样？带着这个疑问，我走进了心理营养学，走进了萨提亚，走进了林老师的课堂。而所有的困惑，在林老师的课堂中都找到了答案。

走进林老师的课程，我才知道原来我的"牺牲自我"和"高期待"给了女儿极大的压力。因为我是一个无可挑剔的"好妈妈"，而她必须也应该是"优秀的孩子"，我不断地要求她做到最好。所有这些，其实已经远远超出了她所能承受的范围。她用尽全力也达不到我的期待，因此她总觉得自己不够好，对自己有许多不满，从而反映到情绪和躯体层面。而我平日里只关注她的行为，却很少探寻她的感受和想法。我一直觉得，她应该是一个各方面都很优秀的孩子，我不接受她只是一个很普通的不起眼的孩子。

林老师的课堂给我打开了一个崭新的世界，让我真正重新认识自己，了解孩子，让我明白了心理营养对孩子是多么的重要。

林老师提出的心理营养的第一条，就是"无条件的接纳"，仅这一条就深深地触动了我：自以为足够爱孩子的我，真的爱她吗？我是否真的可以接纳孩子的失败、接纳孩子的情绪、接纳孩子达不到自己的期待？……一连串问题问下来，我出了一身冷汗。原来我一条都没做到，我爱的只是那个笼罩着光环的浑身优点的孩子，而我的爱完全违背了孩子的自然成长的规则，过度的施肥和浇水让孩子的五朵金花无法绽放。

痛定思痛，我决定转变自己之前的教育模式，放下对女儿的过高期待,踏踏实实地从"三个不做、只做一个"做起。从此,我完全改变了以往的思维和行为模式,不再把成绩挂在嘴边,接纳女儿出现的任何状况:考试考砸了,没关系,总结经验弥补不足;比赛输了,没关系,体验的过程很宝贵,还结识了朋友;闹情绪了,安静地陪伴她,安抚她,告诉她妈妈一直会陪在她身边;和同学闹别扭了,先站在她这边,然后等她自己想明白了,再去处理关系;有男同学向她表白,祝贺她,顺便给她讲述青春期的知识;临考前,带她去看电影;不想去学校,想办法帮她翘课;和她一起听她喜欢的英文歌,一起追喜欢的明星,一起看无厘头的综艺节目。不再禁止,不再反对,就只是陪她一起经历,慢慢地,女儿和我的关系越来越好,越来越亲密。

上高中时,女儿进入了全市最好的中学。学校的学生都是拔尖生,而女儿的成绩在班里基本排倒数。刚刚建立起来的一点点自信,被繁重的学业和扎堆的优等生的压力打趴下了,孩子情绪又开始不稳定,有时表现出厌学的情绪。

高二上学期,女儿回到家,表情有点沉重,坐在沙发上一言不发。我感觉她有心事,便坐在她身边,摸着她的头对她说:"孩子,妈妈看出你好像有点不开心,你愿意和妈妈聊聊吗?"孩子忍了半天,终于没忍住,哇的一声大哭起来,扑到我怀里:"妈妈,我觉得压力好大,我觉得我考不上大学了,怎么办?"

我心里一紧，在心里快速问了自己一遍同样的问题，考不上大学怎么办？我的心坚定地告诉我：即使孩子上不了大学，但她仍然是我最亲爱的女儿，并且我相信她一定会有自己的出路。于是，我很坦然地把自己的想法告诉了她，告诉她不管她做怎样的选择，我都会尊重她，同时她还可以选择其他更适合自己的方式。

当晚，我们彻夜长谈。孩子谈到了她现在面临的问题，她在学习期间的心路历程，她目前的优势劣势，她对今后考大学的想法，等等。最终，我们决定备选艺考这条路，选择一个她喜欢的专业，发挥她的优势和自信，同时我告诉她，我完全尊重她的选择，并希望她也可以为自己的选择负责任。之后的一段时间，孩子像是变了一个人，努力钻研专业知识，主动找辅导老师补文化课，每天学习到深夜。

自信的笑容，慢慢又回到了她的脸上。她的专业成绩在班里名列前茅，而且文化成绩也有所提升。在高考前100天，她自己设计了一张倒排表，每天都非常严格地执行自己的计划，同时记录这一天的收获，我看到了她满满的斗志和信心。而这些日子，我只做两件事，就是接纳和陪伴。

高考结束后，我没有惶惶不安地等待结果，而是直接带着她去日本旅游散心。对于我来说，结果已经不重要，重要的是在这个过程里，我看到了她从一个惶恐、自卑、焦虑的小女孩，蜕变成了一个自信、坦然、有主见，而且愿意为自己的选择去负责任的女孩子，这就足够了。

同时我也在这个过程中，逐渐给自己松绑，不再把所有的精力放在她身上，开始关注自己的需求，上课、健身、插花、聚会……慢慢活出了自我。我们的关系也越来越融洽，我也更加坚定地选择继续跟随林老师学习。

高考放榜那几天，我正在郑州做林老师亲子课堂的助教。茶歇的时候，我接到女儿的电话："妈妈，我被西南大学录取了。""哇，西南大学，211啊，闺女你太牛了，你有没有把这个好消息告诉老师和朋友啊？"女儿用很平静的口气对我说："妈妈，其他人对我并没有那么重要，我最想和你分享，因为你是我最重要的人。"听到这句话，我的眼眶浸满了喜悦的泪水。

这一刻我等了很久。如果没有遇到萨提亚，没有遇到林文采老师，我不知道还要等多久。

女儿进入大学之后，成长了很多：参加大学生征文比赛，获得二等奖；进入了校学生会，成为项目部部长；组织策划了大型活动；获得了一等奖学金；创作拍摄的京东广告获奖……与此同时，她依然还会任性、拖拉、偷懒、发脾气、犯错……但这些都不再重要，重要的是，她可以为自己做选择，可以为自己负责任，可以按自己喜欢的方式生活。

我也终于知道，她并不是我想象中那个完美的孩子，她只是一个普通的孩子。或许在未来，她还会遇到挫折和失败，但是都没有关系，我只想告诉她：我爱你，不是因为你有多优秀，而是因为你就是你。

林文采老师点评：

一、谈到接纳孩子的平凡，对很多"望子成龙""望女成凤"的父母来说，可能是很大的挑战。不能希望父母没有期待，这不符合人性。但是，我们能不能真实地看到孩子的本质，不要把自己的期待强加在孩子身上呢？我们是否能分清"不能"和"不要"的区别呢？

二、比如说，很多人希望孩子在班上考入前三名。但是很可能，你的孩子是真的做不到的。有些父母，自己小时候成绩很好，就觉得我的孩子必须考入前三名，做不到就是因为懒惰。他不知道，孩子的能力可能真是达不到。只要孩子每天上课，专心听讲，下课后把作业做好，对父母来说，就可以了。谁不想名列前茅呢？谁能考80分，会故意考78分呢？不会的。如果真的发生了违反人性的事情，只能是因为心理营养不足！

三、有些父母，特别是妈妈，觉得自己为孩子牺牲了很多，比如妈妈辞职回家带孩子，单亲妈妈独自抚养孩子，妈妈为了孩子不升职，等等。这些固然是爱孩子的表现，但请不要以为是为了孩子，自己做了牺牲。孩子不是自己要求来到这个世界的，是父母为了爱孩子，把孩子带到这个世界的。不断提醒孩子，妈妈为你牺牲了，你要用好成绩来报答妈妈，只会让孩子在没法达到父母的期待时，变得很焦虑，以至不能承受时，孩子就会自暴自弃，可能会出现常常生病、抑郁、不想上学、愚笨等情况。

四、一般来说，当孩子觉得没法跟得上父母的期待，在努力过后还是觉得做不到时，他就开始自暴自弃了。很多优秀的父母，常常无法了解孩子的不足，也看不到孩子优秀的地方，他们唯一看到的，只有自己的期待。

放孩子一马，放自己一马

李 凯

> 强迫孩子吃水果、高标准控制孩子、认清自己的问题、一致性沟通、划定界限、无条件接纳

2015年2月10日，晚上7∶45分，伴随着响亮的啼哭声，儿子尚上来到了我的生命里。我虚弱地躺在手术台上，看着护士抱着他的第一感觉是：怎么这么大的个头？他究竟是怎么蜷缩在我的肚子里，与我共生共存的？就在那一刻，我对这个新生命产生了很强的好奇心。也是那一刻，我意识到，从此以后，我和这个小天使便永远有了联系。

随着他慢慢长大，我从一个立誓这辈子绝不进厨房、绝不做饭洗碗的小女孩，变成一个热爱做饭、喜欢研究营养辅食的美食博主，不但做得色香味俱全，而且乐在其中，尤其是看到儿子把食物吃得精光的时候。那种满足感，让我觉得自己是这个世界上最快乐的妈妈了。

但是，随着他年龄的增长，仅仅是美食已经不能满足他的需求了。他从满足于吃饱的状态，过渡到有强烈自我意识的状态了，尤其是在"可怕的2岁"期间，我们家似乎每天都充满了硝烟。我每天都被搞得精疲力竭，身心俱疲，开始怀疑他到底是天使，还是恶魔。比如，我认为上午10点左右是吃水果的最好时间，因为早饭消化得差不多了，午饭还需要2小时。所以，每天上午10点必须要吃水果。各种各样新鲜的水果，我变着法儿地喂他吃。一开始，他也没反抗，但后来不知道为什么，他不愿意吃了。于是，我开始满屋子追着喂，家里充满了各种吵闹声。再后来，我开始逼着他吃，如果不吃，我就会发火来控制他。有时候我出差不在家，也会定好闹钟，在10点准时打电话提醒家里人喂他水果。而且，从他出生到3岁前，我们家没有买过一袋零食，糖果、饼干、饮料等，我一律不允许他吃。别人给的，我也会要求他扔掉，因为我觉得零食远没有饭菜有营养。所以，他小时候从来不知道零食的味道，而我觉得这就是爱，这就是对孩子深深的爱。虽然我感觉爱得很辛苦，但我坚信这么做是对的！

这样的日子差不多持续了大半年。直到2017年10月，命运让我走进了林文采老师的亲子课程，而这也成为我人生轨迹的转折点。

我清楚记得，上完第一节亲子课，在中间茶歇的时候，我含着泪给老公发信息:"老公,从今天开始,不要逼尚上吃水果了,他想吃饼干就让他吃吧,他真的太可怜了,从今天开始我要放过他,也是放过我自己……"

第一次知道萨提亚,是在一个家庭教育的讲座上。课程结束后,看到很多同学在买林文采博士写的《心理营养》,当时完全是出于跟风的心理,别人都买了,我不买好像不合群,于是也买了一本。但说实话,回家后,我就把书放在书柜里再也没有看过。后来,因为一些看过这本书的同学们在聊天的时候说,书里面有很多既专业又实用的技能,尤其是林老师对真实案例的很多点评,这促使我重新拿起书来阅读。

从此,这本书便成了我出门必带的一本书。直到现在,我还在反复看,每次看都有新感受。就是因为这本书的缘分,我开始关注林文采老师,听说老师在国内开课,便毫不犹豫地报名了。而当我真正走进林老师的课堂,我人生最精彩的篇章才拉开了序幕……

如上文所说,我对尚上的爱,完全是高标准严要求,近乎严苛,他的衣食住行,必须按照我的要求,一丝一毫都不能有差错。记得有一次,我和婆婆带着儿子坐飞机,候机的时候儿子说渴了,婆婆去买水,我跟婆婆说给儿子买矿泉水就好。过了一会儿,婆婆回来,拿了两瓶水,一瓶矿泉水给尚上,一瓶可乐是她自己喝的。尚上看到可乐就非要喝，我自然是不同意，婆婆看孙子很想喝，就对我说：就给他喝一口吧？尝尝味道也没关系，一口而已，也不会伤害身体的。我不知道为什么，听完这句话，内心腾的一下生起了莫名的火，我说：喝一口是不会伤害身体，但是他尝过可乐的味道，以后就不愿意喝白开水了怎么办？你知道养成一个好习惯有多难吗？你知道我有多辛苦吗？你们总觉得破坏一下规矩没什么大不了的，但是后期我要做多少工作才能补救回来，你知道吗？说完这段话，婆婆也愣住了，因为在我们相处的6年时间里，我从来没有用这种语气跟她讲过话。我自己也很诧异，这其实是一件小事，我怎么会有这么大的情绪？虽然婆婆当时没有往下说什么，但我心里很难过。这件事也让我第一次觉知：难道是我有问题吗？

带着这样的疑问，我走进了林老师的亲子课堂和心理专业课程，一切问题真相大白。

为什么我会打着爱的旗号，如此高标准地要求儿子一切必须听我的？其根源在我的原生家庭里。我有一个高标准控制我的妈妈，我们家所有的事情，都必须完全按照我妈的要求去做，甚至上完厕所，手纸都必须整齐摆好，放到盒子里盖好盖子。只要有一次忘记盖盖子，或者放的位置不对，就会被她用很恶毒的语言辱骂，比如没脑子的猪之类的。她也从来不允许我晚上出去和朋友吃饭，记得仅有的一次同学聚会，她要求我9点钟准时回家，我9点半才回到家，结果我一进门，就听到她号啕大哭，说我就是想要气死她，故意跟她作对，更夸张的是，她逼着我去死，说再也不想看见我……有时候，我感觉自己实在受不了了，要爆炸了，她就会换成软控制来要挟我，会哭哭啼啼地说她生病了，生了严重的病，然后说这一切都是因为我，她才会这样的……

就是在这样压抑的环境里，我度过了22年。所以，当我有了孩子的时候，我唯一学到的做妈妈的方式，就是绝对控制！所有的一切，都必须按照我的想法做，谁敢说不，就是跟我作对。我内心有一大堆的非理性想法：如果儿子10点不吃水果，那他就会缺失营养，他就会比别的孩子差。他差，就代表我是一个差劲的妈妈。我不能是一个差劲的妈妈，因为我的妈妈一直要求我做事情绝对地好和正确，我绝对不能出差错。如果我的婆婆说，喝一口可乐没关系，这就是不认同我，是在质疑我的教育方式是有问题的。我绝对不能被质疑教育方式有问题，因为这意味着我做得不好，或者说我不够爱我的孩子。我做得那么辛苦，怎么可以被质疑做得不好，不够爱我的孩子呢？你看，我每天看得他那么紧，不让他乱吃东西，我这么辛苦，难道不是因为我很爱他吗？如果我承认自己做得不好，你们不喜欢我了怎么办？

这一系列的内心深入挖掘，都是在林老师课堂上一点点觉知到的。当我一步步看到真相，内心涌起一半喜悦，一半悲伤。喜悦来自终于看到了自己最底层的真实模样，悲伤是觉得自己今天这个样子，完全是"原生家庭的受害者"。但当我跟随林老师更深入学习的时候，才真正看到：从来都没有完美的原生家庭，世间万物都是福祸相依，曾经的伤害和苦难是真的，但同时，它们必然会成为你日后的盔甲和战袍。

带着这份觉察，再回到生活中，当面对妈妈对我的各种控制和伤害的时候，我学会了划定界限和接纳。当她辱骂时，我可以内心很坚定明确地告诉自己：我可不是她说的那种废物，我是一个很优秀可爱的女孩子！并且，我会很勇敢地跟她做一致性沟通，告诉妈妈，她对我很重要，我很在乎她，所以她这样说话会伤害到我，我希望妈妈对我少一些控制和批判，多一些欣赏和鼓励。当我开始做这一切的时候，我和妈妈的关系竟然真的改变了！她竟然会在我没有放好手纸的时候，默默放回去。

当我和妈妈的关系越来越融洽后，我和儿子的关系也是出奇的友好且亲密。我不再要求他活成我想象中的模样，不再对他高标准严要求，而是接纳他原本的模样。他即使是一棵小草，我只需要给他足够的心理营养，让他长成一棵绿油油、健康、富有活力的小草就好了。

儿子在我的无条件接纳的爱里，越来越绽放，而且极富安全感。第一天送他去幼儿园时，我以为他会哭得稀里哗啦，不让我走，而事实上，他到陌生的教室里转了一圈，熟悉完后，就跟我说再见了。而这一切的改变，是我在跟随林老师学习之前，完全没有想过的。我以前从来不知道，生活还可以这样过，原来当妈妈的，可以不骂孩子，不控制孩子；原来当孩子的，可以做自己，可以有自己的想法，可以在做错事情的时候不被骂。

其实，这一切的一切，起源都是爱：控制的爱、无知的爱、牺牲的爱、卑微的爱……但唯有智慧的爱，才是打开幸福之门的钥匙。若有真爱，智慧自来。

希望每一个生命都可以被认真对待，希望每一个家庭都可以智慧地相爱！

林文采老师点评：

一、这篇文章没有特别说明无条件的接纳应该怎么去做，只是阐述了一个要点：接纳自己，化解和妈妈的关系，允许自己做个自由的人，然后也就可以接纳孩子了。孩子上幼儿园，可以快速地融入，就是孩子有足够的心理营养的明证。

二、大家可以看到，我们常常是以爱的名义，做很多暴君才会做的事。有时甚至是看了很多幼儿养育的书，照着书本所说的一板一眼养孩子，才出了大问题的，比如，文中所说的早上10点要吃水果，比如，晚上10点一定要睡觉。我做的个案中，有一位爸爸，每天要孩子吃一根香蕉。到了13岁,孩子死活不肯吃香蕉了。爸爸大吼:"就叫你吃一根香蕉怎么了?吃了你会死吗?"孩子吼回去:"不吃又会怎样?不吃会死吗?""不吃你就不健康!""怎么可能?我很健康!"父子两个闹得不可开交,就为了一个似是而非的信念。爸爸是为了尊严,孩子是为了自主的权利。也有的爸爸,为了控制孩子的发型、衣服、打扮等,和孩子的关系决裂了。爸爸都是为了孩子好,但是关系破裂,孩子就不可能再听话了。关系对了,一切都对,关系错了,全都是错的。

三、那么,我们怎么拿捏这个度呢?答案是:**看我的感受如何?看孩子的情绪如何?**

孩子对我的要求,包括时间和金钱等,我按着自己的情况,可以做决定。如果可以,就高高兴兴地去满足他。不能的话,就温和坚持地拒绝他。而对孩子的要求,要看做了之后,孩子的情绪反应是什么?如果他做了之后,很快乐、很兴奋,那就没问题。如果他情绪不好,甚至发展出偏差行为,那么我的要求也许就错了,要马上做点调整。

每个孩子都不同,我们要把所学的方法,做适当调整。如果看到孩子越来越快乐、自信,那么我们就做对了。反之,就需要调整。一般来说,对孩子的要求应该做到3∶1。其含义是,不能一直拒绝孩子的要求,在他提出三个要求后,尽量满足其中的一个要求,当然是在不违反大原则和安全的情况下。这是因为,不断被拒绝的孩子,会很愤怒,从而变得叛逆。很多时候,孩子叛逆,是因为他们被拒绝得太多了。

遇见最美好的自己

余 瑜

> 妈妈焦虑、心理营养实践"碰壁"、成人也需要心理营养、做一个柔软而温和的女人

自从2014年走入林文采老师的亲子课堂，随后5年的时间里，我像着了魔一般，紧跟着林老师上完了她所有的课。一路走来，林老师的一言一行一直滋养着我，也滋养着我的孩子、我的家庭！"三个不做、只做一个"，更像一坛陈年老酒，愈久愈香浓……从此，在我的心里，在我的家人、朋友的心里，慢慢注入了一种叫心理营养的神奇能源。从此，我们被一种"文采暖"所温暖……

在林老师的课堂里，我会马达全启动：头脑、眼睛、耳朵，整个身体，身体的每个毛孔似乎都用上了。每天下课，头脑里都是翻江倒海、惊涛骇浪：她的思想，她的言行，她在课堂上所传达的大量信息，她在课堂上时刻流淌着的心理

营养，实在是太多太多……

此时此刻，水平有限的我，只能从她那满是营养、充满大爱的浩瀚海洋中，拾取一两朵浪花，略作分享。

一、初接触心理营养

心理营养是2014年我从林老师那里学到的一个新名词，是我学习之后，不断运用并非常见效的生命力补剂，也是每个人都非常需要的、不可或缺的营养！刚开始接触到这个词的时候，我就欣喜若狂，每天都想着如何用到孩子身上，每天都期盼着奇迹发生。

第一种心理营养：无条件的接纳

我当时的解读是，孩子犯错是可以的。在大的原则和自身安全的情况下，你做什么都可以，我无条件接纳你！你的学习，你自己负责、自己安排！哈哈！只是理想很丰满，现实很骨感！孩子一次一次地犯错，一次又一次地拖延，我忍、忍、忍，忍字头上一把刀！当我忍无可忍的时候，老师，请原谅我忘记了什么叫"接纳"！更不要奢求"无条件的接纳"了！什么都不可以！是的！我快崩溃了！孩子！你必须听我的、听我的！孩子，你这样做是不对的；孩子，你这样是不可以的……天哪！孩子的学习没有产生根本改变！有时候感觉，还在原来的错误上变本加厉了！

第二种心理营养：重视。在我生命里，你最重要！

辞职，陪伴他！这是我能做到的最大的重视！只是表达出来的更多的是不停地唠叨、不停地指责。我永远像个放大镜，还特别擅长放大他的缺点。结果适得其反！我心想，孩子，我付出我最重要的时间来陪伴你，你应该珍惜！你应该感激！你应该……这个"重视"的面罩后面，存在着一只大手！哦，不，一双、十双、更多的大手，正从我心里伸出来，我内心深处压抑着更多的期待和渴望！想想真对不住老师！全学歪了！

第三种心理营养：安全感

婚姻和谐！我有。不当着孩子的面争吵，我们约定做到了！妈妈情绪稳定、不焦虑？对不起，我倾尽所能，可以做到一会儿，只是一不小心，心里各种愤怒、抱怨，就会控制不住地涌现出来。"臣妾做不到啊！"

狼外婆的本性只能藏一会儿，藏不了一世啊！体内的情绪啊，真的就像一个个地雷，不知道埋在哪里，也不知道什么时候会爆炸！我又不是拆弹专家！安全感，我自己都没有，怎么给你？我自己每天穿着钢铁盔甲，像个女战士，生活在战火弥漫的空间，又怎能有鸟语花香的祥和？想一想，真是心酸而可笑！

第四种心理营养：肯定、赞美、认同

不会表达，没有关系，我慢慢学。我一字一句地开始学，开始模仿。可是，每每话一说出口，孩子总会冷不丁冒出一句：妈妈，你说得太假了吧？妈妈，你直接说，你想要我干吗！

我脆弱的心啊，马上被打入十八层地狱。还好，说多了假的，假的多少也有些变成真的了！油多不坏菜！力度、准确度虽然不够，但是有总比没有好！

第五种心理营养：模范

哈哈，总算有一个好办的了，交给优秀的父亲！掷地有声，美其名曰：父亲一句话，抵得上妈妈五十句话。你应该做孩子的重要他人！然后，这个"模范"不小心就成了我的一个工具。非常好用的、推卸责任的挡箭牌！

回想起来，我曾是个带娃带得披头散发、骄狂暴躁的焦虑妈妈。我曾是除了拥有工作的辉煌楼阁，其他一无所有的铁娘子！孩子每天眉头紧皱、郁郁寡欢、情绪暴躁；在家里活得像刺猬，说话消极悲观、句句刺心；在学校里常有偏差行为；在球队因经常和教练、球员发生冲突被劝退；其他孩子也不再主动邀约孩子一起外出玩耍……多少次，我吼得肝肠寸断、地动山摇，娃哭得撕心裂肺、天昏地暗。好几次，我顺手拿起衣架想要痛揍娃一顿；好几次，他恶狠狠地对我说：妈妈，我讨厌你！我允许你打十次，现在还有六次，如果超过了次数，我就离家出走，再不回来……

两三年来，我确实是学以致用了，但为何每每碰壁？为何孩子改变不大？为何我越学越用越迷茫？

二、心理营养融入我的血液

2017年，上完林老师萨提亚专业课程初阶后，我突然开窍了：我给不了孩子我自己没有的！不是心理营养没有用，不是我不好学，不是我不努力，不是孩子不领情。我学了，但没有真正学懂学透，没有学到精髓，用起来自然走样。我用了，真的很努力地把老师说的一招一式用上了，但是，我自身的心理营养缺乏，即使我是那样的努力，我还是不能做到真正给他心理营养。我真的是倾尽所有了，我自身没有得到真正的滋养，骨子里，我就不能给孩子自己没有的！

虽然我的心隐隐作痛，完美主义的我，从来不愿意承认自己不完美，不愿意接纳不够好的自己，但我开始学会停止埋怨父母给得不够，开始不一味地去外求他人来看见、来给予、来肯定。我开始回看自己成长路上一个又一个曾经受伤的小女孩，一个一个把她接回家，开始看到她的努力、她的付出，开始接纳她的不完美，开始允许她可以做不到，开始慢慢地一点一滴先给她输入她需要的心理营养，给她肯定，告诉她我的欣赏，传达出我的爱，和她紧紧相拥……慢慢地，近两年来，林老师的心理营养开始犹如春风般潜入我的内心，润物细无声地滋养着我的生活。

无条件的接纳

是的,我接纳了自己原本的样子,我允许自己做自己,无意中我发现:孩子也可以做他自己!我们的接纳是彼此的。每天,从孩子睁开眼睛的那一刻开始,我学会了等待,或者用各种有趣新颖的事物吸引孩子主动快速起床,减少了催促。

孩子本是慢性子,我尊重他自己的节奏。当他失败的时候,当他达不到期待的时候,当他有负面情绪的时候,我微笑地看着他,张开双臂拥抱他,没有更多的语言。行动有时候比语言更有力量。孩子,即使你犯错了,我会指出你的错误行为,但同时我会告诉你:对你这个人,我是无条件接纳的,我接纳你,只因为你是我的孩子。孩子作业做慢了,我要么会发现他进步的地方,表达出来,要么就是静静地做着自己的事情,陪伴着他,平静地和他道晚安,在他额头给他一个深深的吻。因为我相信,他自己如果想做好,是会努力找到方法的……

经常,我会给自己一个大拇指,给自己一个蝴蝶式拥抱!无意中我发现,给孩子大拇指和拥抱也是那样的自然,那样的由内而发。

重视,在我生命中,你最重要

当孩子在训练的时候,我静静地陪伴在球场边,只负责微笑、鼓掌、加油。在他认为重要的时刻,我会静静地陪在他身边，或者会和他进行小小的庆祝。当他和我说话聊天的时候，我会放下手上的活儿，坐下来或蹲着，看着他，听他说……有时候，我也会有意无意地翻开他小时候的照片，和他聊聊小时候的事情，那个时候，我经常会看到孩子眼里含着泪花，随后时不时给我一个亲吻：妈妈，我爱你！……

我开始重视我自己，我会给自己独特的时间，让自己做自己喜欢的事情。重视自己的感觉，真好！有了对自己的重视，我无意中发现，对孩子的重视，也会自然而然地流露出来，由衷而真诚，随心而流动。

安全感

感谢父母平淡、稳定、温馨的婚姻，让我有了学习的榜样。我也看到、感受到父母之间的爱，父母给我的爱。还有老公，他给了我一个女人所需要的疼爱、重视和稳稳的安全感！给了我一颗安定的心！慢慢地，我学会告诉孩子妈妈的有限，有些是妈妈做不到的。我也学会了直接表达出自己的感受、想法、期待和渴望，不需要他来猜。我一句一句学会了一致性的沟通表达。我直接表达出有哪些行为，妈妈暂时还是会发脾气，也告知孩子，当我想发脾气的时候，我会回到书房，请给我时间、空间……

慢慢地，我的情绪和内在，越来越平和、稳定。我不需要通过怒吼，来掩盖内心的脆弱和受伤，我不需要通过指责，来表达内在的期待和渴望。有不同意见的时候，我们可以坐下来心平气和地表达、讨论、协商……是的,除了我自己,没有谁能伤害到我!我不再是每天披着盔甲、随时备战的女战士,我只是一名柔软而温和的女人,是一名优缺点并存的普通母亲。

肯定、赞美、认同

清晨,我面对镜子,先给自己一个肯定的微笑。我渴望别人给的,我自己都能够给。是的,我就是自己最好的父母。我接纳我当下的模样。当孩子犯错,我没有立马发脾气,而是心平气和听他解释的时候,我也会给自己竖一个大拇指。当我给孩子的作业签字的时候,顺眼一瞟,看到了孩子写得好的地方,就会自然而然地表达出我的发现,然后告诉他,我看到了他的用心和努力。在球场边上,不管孩子什么时候回头,总能看到我面带微笑,随时竖起大拇指。

我会经常表达,我看到、我听到、我感受到……是的,我竖起大拇指,一个朝外,滋养孩子,四个指头回给自己,滋养自己,何乐而不为呢?!

模范

我就在孩子身边,我是孩子的重要他人,我就是孩子的模范。这是我身为母亲的一份荣誉,更是一份责任。我看到我的有限,我也允许我不完美,我想要孩子养成什么习惯,我先要带头去培养这个习惯。我答应孩子的事情,都会尽力去做。即使最后做不到,我也会很真诚地向他道歉,给他解释。是的，我是一个有限的妈妈，我也会犯错，我会很努力，但也会失败，我会有不同的意见，也可以真诚地表达出来，最后大家一起决定。我是一个平凡的母亲，孩子，你也只需要做一个平凡的自己就好！

现在，老师的心理营养已经流进我的血液，成为我身体的一部分。我允许我做自己，我接纳此时此刻我真实的样子，即使我很平凡，会犯错。现在，孩子的心理营养也已经融入他的身体，天生抑郁气质的他，却活出了乐天的形象。和我一样，他每天乐呵呵的，自主而轻松地学习，且不小心成了学霸，常常拿满分。他会开心地打球，虽会累得流泪，却一次次成为敏捷、果断的得分王；身为队长，他也会身体力行做模范。围棋、机器人、花样滑轮等，繁花簇开，都取得了不错的成绩。在我不如意的时候，他会主动和我聊天，常常给我温暖。他会用独特的幽默，来帮我驱走心头的乌云。现在，我是他整天歌唱的"爱妈"。他有开心的、伤心的事，都会和我唠叨，我们是母子，却更像朋友。他已经成为一名如此阳光、自信、开朗、独立，有爱而又极富包容性的小伙子。

是的，这大半年来，孩子所需要的心理营养，已经犹如阳光、雨露、空气一般，那么自然、那么真实地弥漫在他身边，散布在空气里。

总有一天，蓦然回首，我的家庭会像林老师所说的那样，每个人都是独一无二的自己，每个人都能够开心地活出自己的模样!

心理营养，简单明了，却博大精深。学习它、运用它，它就是一种能量流，是一股生命力。只有我们自己先吸收心理营养，当它开始滋养我们自己的生命时，孩子、丈夫，身边的亲人、朋友才能自然而然得到滋养。

心理营养，是林老师独创的一个概念，更是对我们人类的一大贡献。它是大自然独一无二的资源，是宇宙间促进人类和平共处、相亲相爱、温暖而团结的能源。心理营养犹如春风潜入夜，润物细无声！亦如一夜东风来，千树万树梨花开！我期盼着，山果熟，水花香，心理营养入万家，滋养你我，温暖他人。

林文采老师点评：

一、如果大家一路读下来，一定会发现，有好几个作者都提到了在给予孩子心理营养的过程中，要先学会把心理营养做在自己的身上，然后才能够做在孩子的身上。那是不是必须等到能给予自己心理营养了，才能去给予孩子心理营养呢？那倒也不是的。很多时候，我们对孩子的爱，超过了对自己的爱，所以我们可以先学习对孩子做心理营养，孩子进步了之后，能滋养我们，然后我们可以学习把心理营养做在自己的身上。

二、怎么才能做在自己的身上呢？首先是学习对自己做无条件接纳。可以用一张大纸把自己一生中重大的事情写下来，检查每一个年龄阶段的自己，想想当时的自己是否有错，是否有失败的经历，是否有达不到自己的期待和情绪失控的时候，然后选择无条件接纳自己当时只能够做到那个程度，这就是对自己做无条件接纳了（见图2）。

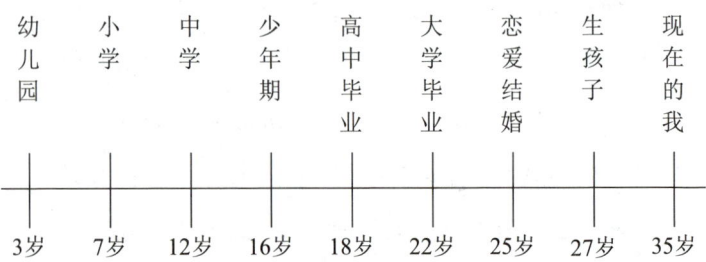

图2　接纳不同时期的自己，可以检查四个方面：做错、失败、达不到期待、负面情绪

三、接纳自己时，可以这样说（想象小时候的自己就站在自己前面）：小余，当你15岁时，你完成了……也许做得不是很完美，甚至是做错了，但当时你只懂得这么多，你的能力也只能做这么多，所以不管结果如何，我都接纳你，喜欢你，欣赏你。感谢你没有放弃，才有了今天的我，谢谢你。

四、除自我接纳以外，可以做的就是，每天睡觉前最少要称赞自己一次，比如完成了什么，说了什么话是得体的，给丈夫煮了一顿饭,做了家务等,都是可以的,要天天这样肯定自己,赞美自己。久而久之,当肯定、赞美孩子、丈夫或婆婆时,就会情真意切了。

摆脱原生家庭的束缚

赖建煌

> 从小缺乏母爱、内心不安、情绪化、争强好胜、反省自己、补充心理营养、实践效果

母亲在我小学一年级那年,把我交托给一位阿姨,然后离开家乡,到国外去工作了。在6个手足中,排行最小的我,在此后的几年,基本没有一个安身立命之所。母亲的这个决定,不仅仅是对我,也对整个家庭带来了极大的伤害。

虽然没有母爱的滋养,我还是长成了长辈眼中乖巧懂事的小孩。不仅在学校年年入三甲,而且还在各种学习比赛中金榜题名。每年的学长团,或者是班级代表,总会有我的份。无论我在学校获得的掌声有多响亮,母亲在那段岁月的缺席,始终是我的遗憾。

在我11岁那年,家里发生了一些事,母亲必须放弃国外的工作,回归家庭。比一般同龄孩子更为成熟独立的我,

在生活中有了自己的思想。母亲这时的回归，不但没有让我们母子之间的关系更为亲密，反而让我们处在紧绷的对立状态。

我无法接受她干涉我交朋友，也无法忍受她设定的种种条规，以及她试图限制我的生活自由。我和母亲的关系持续恶化，直到最后，我选择用沉默来抗议。这样的无声抗议开始之后，一直持续了6年之久。或者应该说，这场无声的抗议根本没有结束。母亲在我17岁那年，因为外遇，退出了这场争斗。

母亲离开之后，我以为一切的伤痛都结束了。我继续在学习上争取佳绩，以期能够用出色的学业成绩，来弥补母亲带给家庭的耻辱。我凭着出色的成绩，得以到新加坡国立大学深造。对于一个来自穷乡僻壤的家庭来说，这是一件十分光荣的事，更何况我是近亲家族里第一个，也是那时唯一一个考上公立大学的人。

接下来的发展，并没有太令人惊讶的情节。大学毕业之后，我顺利进入新加坡教育体制，找到了一个铁饭碗。工作了几年之后，也像大多数的青年才俊那样，步入结婚、买房、生小孩的轨道。原本平淡无奇的生活，在我决定有了小孩就辞去铁饭碗之后，开始掀起波浪。埋藏在内心深处的伤口，原来一直都在淌血。伤痛看不见，并不代表不存在。

那段时间，虽然家里有了一个可爱的宝宝，但是其他的人、事、物，总是惹恼我。看见的，都很碍眼，听见的，都很刺耳。即便是路人甲乙丙丁，在我眼里也是那么的恶心、惹人讨厌。情况一直恶化，连另一半，在我心中也变成了一个讨厌的人。不管她说什么、做什么，我都会认为她是针对我、嫌弃我，让我觉得自己是个无用无能的人。我们的关系，或者说我跟大多数人的关系，都十分紧张，任何一件小事，都可能成为压死骆驼的最后一根稻草，把这些关系搞砸。

在机缘巧合之下，我知道了林文采老师在马来西亚柔佛州新山，亲自教授萨提亚家庭治疗课程。原本我还在犹豫不决，毕竟学费对当时的我来说，是一笔不小的开支。直到有一次，我听到一位母亲叙述自己在无法掌控自己情绪的情况下，连续掌掴自己不到3岁的孩子，当下就缴费报名了。如果能够避免孩子受到伤害，一切的费用都是值得的。

在课堂上，林老师通过扎实的理论，再加上丰富的处理个案的经验，让我看见了曙光——从原生家庭中解脱的曙光。只要愿意的话，我们绝对有足够的力量，去摆脱原生家庭的束缚，为自己的原生家庭创造全新的家庭模式。更幸运的是，我被选中成为该届原生家庭课的案主，可以让林老师给我做个案。

在一个小时里，林老师说的每一句话，至今都深深地烙印在我的心里。林老师不但让我看见了自己不切实际的观念,也帮助我放下了不合理的期待,让我从想象的苦痛中回到现实世界,去看见、去感受真真切切、实实在在的爱!除此之外,林老师也在咨询的过程中,用满满的心理营养滋养了我。

开始咨询之前,林老师很慎重地要求在场的所有学员不得录音,也不可以把任何跟案主有关的信息带离现场。这虽然是标准的公开咨询程序,但是林老师慎重的态度和坚决的执行力,让我拥有足够安全的环境和空间去掏空自己,走入内心最深处去探索。

在咨询的过程中,林老师也多次运用无条件的接纳来滋养我。当我说到小时候的失落和难过时,林老师无条件地接纳了我的所有,允许我与失落和难过同在,让不曾被看见的失落与难过,化成了一串串的泪珠。当我对当前的状况六神无主、无法马上做出决定时,林老师无条件地接纳还未准备好的我,不强迫我做任何决定。

最后,林老师在结束之前再次提醒我:"无论你有什么决定,都是被允许、被接纳的,因为那是你的决定,你只需要为自己的决定负责。"当林老师把我抱在怀里时,那个温暖的拥抱像是给我再补上一剂强心剂,让我获得满满的力量。

一个小时的咨询,除萨提亚的技术和手法之外,林老师更多的是通过心理营养来滋养我,让我拥有足够的力量,去绽放生命力的五朵金花。那一年，我30岁，刚刚进入孔子所说的而立之年。

第一次接触萨提亚，我就被深深地吸引了。而林老师原创的心理营养，更是完完全全地说服了我："简单容易，才是最有效的！"

心理营养不仅接地气，还拥有相对完整的实践指南。用林老师的检测方法回顾过去，我赫然发现，即便自己是许多人眼里出类拔萃的优秀人才，但也是个心理营养严重匮乏的孩子。

在接触心理营养之前，我外表看起来活泼开朗，机智灵动。但在光鲜亮丽的外表之下，有着极度不安的内心。情绪化，最能体现我的不安与焦虑。我可以在与人侃侃而谈之际，突然因为对方的某一句话，或者不恰当的遣词用句，而暴跳如雷。我的心情像是变幻无常的天气，又像是随身携带的定时炸弹，随时都可能被引爆。

此外，我也是个非常敏感的人，常常容易因为他人的一举一动，而引发很多的情绪。当情绪来了的时候，我会任由情绪失控，或大发雷霆，或口不择言要他人为我的情绪负责。为了安抚自己的不安，我有时还会以情绪勒索的方式，威迫利诱他人满足我既不合理且无止境的渴望。不稳定的情绪，不但苦了自己，也伤害了身边爱我的家人、朋友。**我一直向外寻找方法，殊不知情绪不稳定的根源是自己本身缺乏心理营养。**

再往深一层去看，人际关系也困扰了我许久。原来，我从中学时期就开始在人际关系障碍里打转了。从年少气盛的十五六岁开始，我很容易就交到很要好的朋友。跟这些朋友的关系，可以好到形影不离，只差没有一条内裤两个人穿了。当朋友之间的情谊稳固之后，我就会开始干涉好朋友的生活，试图影响他们的决定，甚至代他们做我自以为好的决定。这样的情况在我初中时发生过两次，高中时又发生了两次。在三年的大学生涯中，至少发生了四次。在大学毕业后任教的第一所学校，又跟同事重演了同样的情况。

困扰我的，还不只是这种不断重演、不懂得分清界限的人际关系，更为丑陋的，是那种通过贬低、鄙视他人来抬高自己的想法。杰出的学习成绩，为我赢得了许多的掌声和赞美，让我相信唯有"赢"才能鹤立鸡群，继而获得大家的认可。这样的想法，固然成为我继续努力学习的推动力，但同时也在我的思维里产生了另一个毒瘤。为了赢，我必须让别人输；为了比别人好，我看不见别人的好。只要有人在某些方面比我表现得更为优异，我就会开始在这个人身上寻找缺点，再把这些小缺点无限放大，借此掩盖这些人比我优异的部分。这种爱攀比而且争强好胜的心态，让我在人际关系中摔了几次跤。我一直以为自己是个交际高手，直到接触了心理营养这面镜子，我才彻彻底底地看清了自己情商之低。

心理营养严重不足的我，是否曾经伤害过自己或他人呢？答案是肯定的！我没有自残，也不用暴力去伤害别人，但是，我最厉害的就是动口不动手，不着痕迹地用最尖酸刻薄的言语去伤害自己、伤害他人。当我犯错时，最不留情面批判我的人，是自己；当我面对挫折时，绝不会放过任何对自己进行人身攻击的机会；我用最难听、最恶毒的言语去批判自己，迫使自己相信：我是失败者，我是无能的，我是被遗弃的，我是不可能拥有幸福的，我是不值得被爱的……

对于身边的家人、朋友，我习惯性地话里藏针，总喜欢在不经意间去刺痛别人的心。我用坦率和直白来包装毒辣，我以开玩笑来粉饰奚落。当我看见他人因为我的话而受伤时，我非但没有丝毫歉意，反而会有得逞后的得意扬扬。这种咄咄逼人的说话方式，让我像是个杀人不眨眼的职业杀手，伤透了许多人的心，包括我自己。喜欢攻击他人，常常伤害他人的人，原来最需要心理营养。而我，就是典型的例子。

学习了心理营养之后，我就开始慢慢地用心理营养来滋养自己快要干枯的心灵。自此，我允许自己犯错，并从错误中学习和成长；我接纳自己的不足，在能力许可的情况下，做个足够好的自己就好；我看见自己的局限，不批判自己因为条件不足而导致的挫折；我体验自己的感受，学习有效地表达和抒发自己的情绪；我无条件地接纳自己，即便我会犯错、我会失败、我不完美，但是我这个人本身并不是问题。

我也尝试跟自己对话，去聆听自己的声音，重视自己、满足自己的心理需求。当我累的时候，我会休息；当我的感受涌现的时候，我会与感受同在；当我学会了重视自己、把自己放在优先位置时，我发现自己充满活力、朝气蓬勃，也拥有足够的力量去照顾其他人。

有了"无条件的接纳"和"生命中的至重"这两个基础，之后的"安全感""肯定、赞美、认同"，以及"学习与模范"，就更加得心应手了。获得足够的"无条件的接纳"和"生命中的至重"的滋养后，我最大的转变就是情绪越来越稳定。对以前或许会为之大怒的人、事、物，如今都可以一笑置之。在转变的过程中，完全不需要依靠任何的意志力去压抑，一切都自然而然发生。当情绪稳定之后，就不容易被情绪牵着鼻子走，继而轻易地分清人际互动的界限，在坚守自己的界限之余，也尊重他人的界限。渐渐地，自我批判的声音也转成静音模式，更多的是肯定、赞美和认同。

我在儿子不到3岁时就接触到萨提亚，学会心理营养，或许是我们一家三口几辈子修来的福分。在教养的路上，我坚信林老师的"三个不做、只做心理营养"。这份相信和坚持，让我再次看到心理营养的惊人魅力。我会在孩子来找我的时候，放下手上的所有事，包括煎鱼、炒菜，全神贯注地看着孩子，给予孩子足够的重视。当孩子生气、发怒的时候，我会静静地陪在孩子身边，等他平静。当孩子顽皮捣蛋的时候，我只会纠正孩子的行为，绝不给孩子贴上任何的标签。这样一点一滴，在生活层面的大小事情上，给孩子灌溉心理营养。

曾经有人认为我的儿子太内向，害怕陌生的人和环境，一点都不像他爸爸。有人建议我，要尽快送孩子去幼儿园；更有比较传统的教养方法认为，孩子一定要打要骂才教得好。但是，我没有采用这些方法。我一如既往地坚信，只要用心理营养去滋养孩子，孩子就能绽放生命力的五朵金花，拥有足够的能力去活出生命的色彩。

还好，我从来没有动摇。在儿子未满4岁的某一天，他一时兴起，说要上幼儿园了。我们本不以为意，直到儿子一再要求，我们才带他去报名。当儿子准备好的时候，他从来都不会在幼儿园门口说再见的时候哭哭啼啼。反之，儿子很期待去幼儿园，去见他的老师和同学们。后来，儿子也慢慢地展现出自信和独立的一面。之前，大多数人都说他内向、害羞、怕陌生人。如今，他很快就能在陌生的环境中跟其他的孩子互动、交流，不知道的话，会误以为他们是认识很久的好朋友。比方说，在游泳池里，他会慢慢地靠近一群小朋友，然后自然地融入，一点都不别扭。

我在儿子身上最大的发现是，他的情绪相当稳定。6岁的孩子固然会有撒娇、闹脾气的时候，但是儿子的情绪来得快，消得更快。他会因为得不到自己想要的东西而生气，但是他从小就知道生气是被允许的。因此，只要他可以顺利地表达自己的愤怒，或者把难过化为泪水之后，下一秒他就会笑眯眯地继续玩乐。他会气鼓鼓地对爸爸或妈妈说：我很生气，我不要你。等他气消了，他又会紧紧地抱着爸爸妈妈。他不容易受到情绪的干扰，哭过或者睡醒一觉，就忘了。此外，儿子也能很专注地独处，没有同龄孩子的不安和焦躁。亲生父亲的观察，或许有老王卖瓜自卖自夸之嫌，但是我的观察实际上是从家人、朋友的回馈开始的。家人、朋友的发现，使得我用心去观察，不把孩子的稳定情绪当作是理所当然的发展。

心理营养，让我自己的生命得到重生的机会，同时也让我有能力赋予孩子不一样的成长养分，摆脱传统教养的伤和痛。曾经，我期许能成为富二代的祖先，从我开始摆脱贫穷的梦魇。如今，我立志成为心理营养的传播者，让心理营养走进更多的家庭，给孩子们一个滋养性的成长环境。

林文采老师点评：

一、这篇文章可能和其他文章有点不同，但是作者转变的开始和动力，同样是源自自己的孩子——不想因为自身的情绪，变成一个暴打孩子的爸爸。这个改变的历程是怎么发生的呢？有以下五个步骤：

1. 首先要有痛苦的意识。要发现自己现在的情况是有问题的,脾气暴躁,人际关系常常出问题,不喜欢身边的人,看他们不顺眼。其实,很多人在这样的情况中,完全不觉得是自己有问题,总觉得是别人有问题,得罪我了。但是,建煌有这样的觉察力,所以才愿意学习和改变。由此,第一步是必须察觉到,现在自身的情况是有问题的。

2. 当有了察觉,就必须在自身原有的知识系统之外,增加新的认知。为什么呢?因为我会痛苦,就表示我原有的知识系统,是不能处理我目前的问题的。否则,我早就运用已经懂得的知识,去解决我的痛苦了。所以,当我感受到痛苦时,这个痛苦就是告诉我必须去学习、成长、改变。作者所做的就是来上课。通过上课学习,看明白了原生家庭(作者主要是处理和母亲的关系)给自己带来的影响,然后就开始给自己做心理营养。

3. 学习了以后,就必须开始行动。没有行动,一切都等于零。比如,你看完了这本书,了解了什么是心理营养之后,必须踏踏实实地把心理营养做在自己或孩子的身上,否则,即使看了这本书100遍,也没用。

4. 有了行动,就必然会有行动带出来的结果,我们需要根据结果来做反思。如果自己或孩子的情绪、行为越来越好,那么我们的行动方向就是正确的,否则,就需要再学习,再调整到适当的状态。

5. 将现在的生命状态与之前做对比。如果我们的生命状态，上了一个新的层次，那么改变就完成了。毫无疑问，作者现在的状态和之前是完全不同的（见图3）。

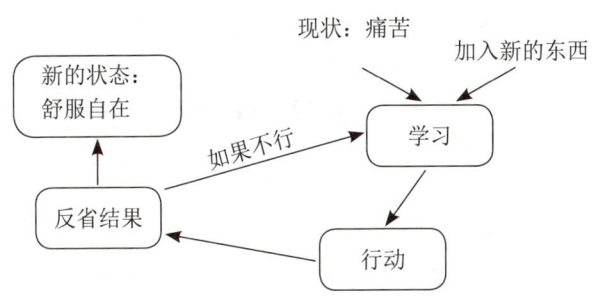

图3　改变的历程

二、我在作者11岁时就认识他，对他留有很深刻的印象。19年后重逢，他已经成为爸爸了。在他上课的一年里，我看着他的改变，内心感受到无限的安慰和快乐。现在作者也在传播心理营养的理念，我想说的是，欢迎你。我深信，心理营养能够帮助很多家庭改善家庭关系，而且做起来也不难。

离婚后如何养育孩子

王玟之

> 离婚的压力、用严苛的标准要求孩子、情绪勒索、一致性沟通、孩子犯错后的做法

我在儿子4岁、女儿1岁时离了婚。离婚,是我的决定,也是我的选择。没有任何一个人支持我的决定,更别说是赞同了,连我最亲的家人也不例外。大家都只会告诉我:忍一下,等孩子长大再说;孩子没爸很可怜的,单亲家庭的孩子会有很多问题;等等。可是,我已经没有办法和这个男人一起生活了,他的所有行为我都看不下去。

比起离婚这件事,或者劝我再容忍一下的话,母亲的一番话,对我来说,是更大的打击:我们家没人离过婚,你离婚,丢尽了我们王家的脸。其实,这样的话,已经无形中进入我的潜意识了。虽然我清楚地知道自己不得不离婚,但是我从来不敢公开告诉任何人关于离婚的事。当有人问起他,

我只是说他到外地工作了。我心里总觉得，离婚是一件很丢脸的事。

另外，为了证明离婚的选择是正确的，我很努力地要成为一个最好最伟大的妈妈。我要以此证明，我的孩子不会因为父母离婚而受到任何伤害。我要证明，即使离婚，我和孩子还是可以活得很好，孩子也不会因此成为问题儿童。这种想法，对我和孩子造成了极大的压力，我们每天都活在别人眼里、嘴里。

因此，我不能接受孩子不听话。没听我的话，就是不乖，表达自己的想法叫作顶嘴。家里一定要非常干净，像是随时准备要招待客人的样子。客人来访，孩子要会招待，拿水、切水果是基本礼貌。功课一定要准时呈交，作业一定要写日期，就连写错生字，我都会大发雷霆："跟着抄写都写错，脑袋长在哪里啊？"这种尖酸刻薄的话，对我的孩子来说是家常便饭。

既然可以严格地要求孩子，就会以更苛刻的标准来对待自己。除了外表仪容必须体面、优雅，无论多苦，生活品质都要装饰一下，来掩人耳目。为了成为一个好妈妈，就必须天天做饭，每天必须给自己和孩子准备精致的便当，而且，每天都要有不同的菜色款式。这样一来，孩子才会健康。反之，孩子病了，就是我照顾不周，不是一个好妈妈。

我一直以为，这样认真努力，就是一个好妈妈。我一直以为这样的生活方式，是对孩子最好的补偿。殊不知，我把两个无辜的孩子捆绑得紧紧的。**我是在用伤害的方式，爱着两个孩子，他们则在痛苦中苦苦支撑着我。**事实上，我知道，我和孩子都活得又痛又苦又累，但我不知道该怎么走出苦痛，改变这样的生活模式。

直到2017年年底，在朋友的推荐下，我报读了林文采老师2018年的萨提亚课程。我终于看到了解脱的方式。

通过林老师的教导，我意识到原生家庭对每个人的影响。我继承了我原生家庭的模式，我所讨厌、抗拒的模式，偏偏就成为我的拿手本领。我比较担心的是，当年分别是17岁和14岁的两个孩子，似乎也跟上我的步伐，学会了我待人处事的方式。换句话说，如果我再不改变，下一代也将和我一样痛苦。

改变，谈何容易，又该从何做起呢？

值得庆幸的是，林老师的课，不仅仅有扎实的理论知识，也包括很多实用的方法，她的心理营养理念给予我莫大的启迪。林老师说，如果孩子在7岁以前获得足够的心理营养，接下去的人生就会相对稳定，不会出太大的问题。对于已经长大成人如我的人，也还可以学习成为自己的足够好的父母，用心理营养来滋养匮乏的心灵，让自己的生命力再次绽放。

当我重新审视自己的生命时，我才发现自己从来都没有好好肯定过自己,更无法无条件地接纳自己。如果我要用心理营养去滋养我的孩子,那么我就必须先拥有足够的养分。如果我要无条件地接纳孩子,那我就要先学会无条件地接纳自己。因此,我开始去看见自己的优点,给自己肯定;当自己做得不够好的时候,学会接纳自己的不完美,更重要的是允许自己不完美,让自己在错误中学习,在学习中成长。

来到心理营养课堂,慢慢地,我才发现,最苛刻的批判源自我自己。当我尝试用心理营养来滋养自己的时候,严厉的声音便会逐渐变弱。当为人母亲的我,不再如此严厉自我批判的时候,我也更能无条件地接纳孩子,没有不切实际的期待,也没有严苛的批评了。

在运用心理营养来灌溉我和两个孩子的亲子关系之前,我们就只剩下血缘上的亲子关系了。每当他们在客厅听到我的车子回来,或者电动闸门开启的声音,他们都会在最短的时间,以最快的速度关上电视、电灯和电风扇,然后回到各自的房间装睡。其实,我很早就识破他们了。更令我难过的是,即使我去房间呼叫他们,试图摇醒他们,他们都宁可继续装睡,也不愿跟我有进一步的互动。

这不是我想要的结果,也不是我想象中的亲子关系。到底是什么把相依为命的三个人,变成了最熟悉的陌生人呢?

过去,我除喊叫、痛骂两个无辜的孩子之外,还会用情绪勒索他们。泪水是我最常使用的武器,我经常哭着对他们说："我已经够苦命了，请你们乖一点好吗？你们别这样、那样的，好吗？"当他们向我投诉对方时，我夹在他们中间也不知如何处理。不管如何判断，似乎都不会有两全其美的结局，于是，我除了大骂他们不懂事、不乖巧，还会使出情绪勒索的撒手锏："生在单亲家庭，应该比谁都更懂事，怎么你们就是跟别人不一样？我不要你们了，整天只会吵架和打架，我要把你们分开，一个去跟爸爸，你们自己选谁要跟爸爸？"

孩子选择假装睡着，来逃避这样的母亲，我还能怪谁呢？

还好，我遇到了心理营养课程，从而有机会用全新的互动模式，促进我和孩子之间的亲子关系。如今，每当孩子们犯错、起争议时，我不再焦虑，而是深呼吸，告诉自己一边做，一边学，不用怕。我也选择不介入他们之间的争议。就算他们来找我了，我也请他们两人自己去解决，不为他们做任何的判断。

同时，我也不再把他们的懂事，当作理所当然。只要他们帮我做了一些简单的家务，我会及时地肯定、赞美、认同他们的付出。以前他们两兄妹一直在帮忙做一些家务，我本来觉得这是他们所应该承担的责任，但是现在，我学会了感谢他们愿意帮忙，帮妈妈洗衣、叠衣、扫地等。在生活中，我学会了用心理营养来滋养孩子。刚开始，他们不仅觉得奇怪，也不习惯，更不懂得如何接受我的滋养，继而回避我的肯定、赞美、认同。

后来，我主动地跟他们进行一致性沟通："妈咪以前不懂，只会对你们大喊大叫，现在妈咪开始学习了，妈咪明白了，你们的感受也需要被照顾和看到。同时，妈咪要为过去对你们说了很多伤害性的话和进行情绪勒索，向你们道歉。从今以后，我会尽量努力做得更好。如果妈咪忘记了，打回原形时，请你们提醒妈咪。"

当晚，我们三人抱在一起哭得稀里哗啦的。如今回想起那一次的一致性沟通，我还是会有满满的感动和温暖。

除我和孩子的亲子关系之外，我发现心理营养也改变了两个孩子的手足情谊。在心理营养走进我们家庭之前，两兄妹的感情时好时坏。好的时候，是一对无话不说、相依为命的兄妹。水火不相容的时候，动口吵架自然少不了，动手打架也不是稀奇的事。最严重的一次，因为妹妹不服从指令，哥哥便拿一把刀威胁妹妹，说要杀了妹妹。妹妹不甘示弱地回怼，只有10岁的她，觉得生不如死，要哥哥把她杀死算了。女儿比儿子小3岁，体力上处于弱势，为了报复哥哥，就学会了各种小动作，比如偷哥哥的零用钱、破坏哥哥的收藏品和作业本……

就在我用心理营养来滋养两个孩子不到一年的时间之后，我发现两个孩子的情绪相对地稳定了许多，争执吵架的次数越来越少，并开始互相帮助和做些家务。偶尔的争执还是无可避免，但是他们已经不会再来向我告状，而是学会了自己解决。

去年，儿子发现女儿又偷了他的零用钱。放在以前，儿子肯定会用最尖酸刻薄的言语，对女儿进行人身攻击，比如书念不好，人品又差，只会做贼，等等，损坏女儿的人格。可是，儿子这一次只是对女儿表达了自己的失望："你辜负了我对你的信任。"跟儿子一样，女儿这一次也没有像以前那样大发雷霆。

身为母亲的我，这次没有马上介入。我在一旁，观察两个孩子对这件事的反应和处理方式，觉得他们都跳出了以前的情绪化模式，而采用了另一种截然不同的处理方式。那天晚餐之后，我走到女儿身旁，想邀请她来聊聊这件事。当我提出了邀请之后，女儿的眼泪就哗啦啦地流个不停。即便女儿做错了，但是对于女儿的泪水，我还是可以无条件地接纳。她的泪水，承载着心里的千头万绪。

等到女儿的情绪稍微平复之后，我开始跟女儿核对："你哭是因为难过吗？"

女儿没说话，只是默默地点点头。我继续说："你难过，是因为哥哥没有骂你？"

女儿又哭，之后才从嘴里吐出几个字："他为什么不骂我？"

我无法代儿子回答，因此把焦点转到偷钱这件事上。女儿解释说，她要跟其他人一起，买生日礼物送给一位同学。她担心不跟同学们一起买的话，会被嫌弃。可是自己的钱又不够，也不敢跟我要。无计可施之下，就想到先拿哥哥的钱，在他发现之前，会慢慢用自己的零用钱补上。

把事情的来龙去脉搞清楚之后，我向女儿说明，无论在什么情况下，不问自取就属于偷窃。偷窃是绝对不正确的行为。之后，女儿在我的陪同下，向哥哥道歉，并且承诺以后不会这样做了。女儿也向哥哥说明，会如何把钱还给他。儿子接受了女儿的道歉，并告诉妹妹："请你记得你今天说过的话。"

最后，我告诉女儿："谢谢你把事情真相说出来，也愿意向哥哥道歉。妈咪相信你真的会改过，妈咪不生你的气。还有，以后遇到这样的问题请老实告诉妈咪，妈咪会先借给你钱去买东西。"女儿点点头，然后抱着我说："我以后真的不会再犯了，我需要钱一定会先跟你说。"

另外有一件事，也让我使用上了心理营养。由于刚刚考获驾驶执照，儿子的泊车技术不是很好。拿到驾照一个星期后，我安排他在我教瑜伽的楼下自己练习。我在离开儿子去教课前，就仔细嘱咐，不要开到大马路上，在停车场练泊车就好。结果20分钟后，他打电话来说："妈咪，我撞车了。"

我当时在教课,不去处理也不行,我只好向学员们建议暂停一下。

当我来到事故现场时吓坏了,因为他驶进了反向车道,为了躲避迎面而来的车,撞上了停在路边停车位的车,而且没有马上停下来,结果一直从大灯撞到了车身后部,撞得很严重。我马上向对方道歉,表示愿意赔偿,然后安排拖车,再回到课室继续教课。当时,我把事情处理好之后,一点情绪也没有,而且像往常一样,以非常平静的心态把课教完。

上完课之后,我没追究,也没责骂儿子。我试图让他明白,妈妈没有责怪他,反而很关心他的心理状况。我问他:"当时肯定吓坏了吧?"

儿子默不作声地点点头。由于要到警局报案,并处理赔偿,我请他把事发的经过说一遍。他仔细说完,最后加了一句:"对不起,妈咪,我没听你的话,跑到了大马路上。我看到很多车,就害怕了,情急之下驶进反向车道。"我没责怪他,只是让他知道,人没事就好,车子坏了可以修理。

回到家,洗了澡,他过来抱着我说:"谢谢,妈咪,对不起。"然后哭了起来。我摸摸他的头,拍拍他的肩膀,不断地安抚他说:"没事了,没事了。"

这件事情发生后两个多月他都没敢再开车,我也没有逼他。到第三个月,我请儿子到后巷买包白糖,结果他走路去买。我没多说什么,我知道他还是怕,他需要时间。几天后，我拿起车钥匙对他说："走，我陪你，你慢慢开，在花园区开就好。"开了几圈，我们就回家了，我感觉到他依然非常紧张。

回到家，我说："你还很紧张？"

他笑着说："当然啦，比第一次还要怕。"

我说："明天我们再试，一边怕，一边练。"

他没逃避，点点头，说好。

我们就这样用了一个半月时间，从花园区慢慢开到马路，再开到大路，最后，他可以一个人开车去上班了。

之后，儿子升学去了新加坡。虽然很少回家，但每次回来，都有很多话要说，尤其是两兄妹会在房间里玩扑克牌，玩大富翁游戏，儿子还会带女儿去看电影。

还在中学念书的女儿，趁着年终假期去打工。拿了薪水之后，女儿给了我200元。刚好我的生日要到了，女儿决定等哥哥回来，为我买蛋糕庆祝生日。当天，我们在逛街的时候，她看到了一件哥哥喜欢的红色新年T恤。她不但买了一件给哥哥，也给我和自己买了一件。我很好奇地问她："你不喜欢红色的呀？"

女儿回答我说："没关系，我们从来没有一起穿过亲子装。"我想，这就是文采老师说的彼此顾念吧！

心理营养的确改变了我们的家庭氛围。接触萨提亚，遇见文采老师，真的是我人生的转折点。

我也非常感谢自己当初愿意去上这堂至关重要的课。

林文采老师点评：

一、这是一篇很典型的文章，讲述的是离婚家庭所面对的育儿难题。离婚后，一般的妈妈会对孩子很内疚，觉得自己没有办法给孩子一个完整的家庭，就很想努力做个伟大的妈妈。但是，单亲妈妈在离婚后本来就要承担更多责任，经济上也会有压力。一旦对孩子怀有内疚心理，就很难养育得好，特别是一些比较有志气的妈妈，还要证明自己，就会要求孩子表现得更优秀、更成功。她们不知道，这种心态会害了自己，也害了孩子。没有人是为了离婚而结婚的，人人都希望自己有个美好的婚姻。如果真的选择了离婚，我们要相信这是两害相权取其轻，情非得已。不要有太多的内疚，否则养育孩子时就会失去智慧，不知轻重。大家看看文中的作者，只有放下纠结，才能真正地接纳自己的孩子，而不必活在别人的眼光里、期待中。

二、离婚后，孩子最怕的就是，妈妈动不动就说：我为你们才不再婚，才这么辛苦，我为你们做了牺牲。其实，孩子很怕妈妈说是为了他们才活得惨兮兮的。每个孩子都希望妈妈因为他的缘故活得快乐幸福，而不是为了他而牺牲自己。这样会让孩子觉得自己罪恶深重，这种方法就是我们说的软控制。这是有效的控制方法，但是不能长久。孩子终究会因为难以忍受，而开始出现偏差行为。请不要用加强孩子的内疚感的方式，来让孩子听话。

三、离婚后，对孩子最好的事情，就是妈妈能从婚姻的失败中走出来，成为一个比之前更快乐的人。妈妈从婚姻的挫折中走出来，把生活经营好，本身就是最好的榜样了。

四、最容易的方法就是给自己做心理营养，接纳自己，信任自己，看重自己，肯定自己。然后，你就会发现，一旦你能够对自己做心理营养了，也就肯定可以对孩子做了。

五、文中有很多大家可以借鉴的闪光点，特别是对两个孩子的关系处理的内容。

牛牛的养育过程

莎 莎

> 孩子自闭、婚姻危机、用绘画舒缓情绪、建立安全感、艰难的疗愈过程

7年前的某一天，我突然发觉，4岁的儿子牛牛会止不住地无缘无故地大笑，而且也越来越不愿意与人交流。从此，我和家人像无头苍蝇一样四处奔波，求医问药。后来，孩子虽然不笑了，但是完全活在自己的世界里，从早到晚不会发出任何声音，并且面部会出现抽动。用林老师的话说，孩子的大脑完全不能控制他的身体了！而我，不仅要承受孩子带来的锥心疼痛，还要面对与一直无比信任的爱人的婚姻危机。雪上加霜的是，当年家里也出现了很大的经济问题，官司缠身。仿佛一夜之间，所有的问题轰然而来。我开始彻夜难眠，闭门不出，体重从100斤掉到82斤。整个人游走在崩溃的边缘，苦苦挣扎，就像黑暗中行驶在海上的一叶扁

舟，孤独无助，又不知所措！可我知道，我绝不能倒下，我的孩子需要我！

带着这样一个信念，终于，我辗转找到了传说中的林文采老师。

走进林老师的课堂，犹如走进一个崭新明亮的世界，我迫不及待地汲取林老师传授的专业知识。我开始懂得，儿子因为严重缺乏心理营养，导致了他的自我封闭的行为。由于他内在累积了太多的垃圾情绪无从释放，才会有抽搐行为。搞懂了原因，我就要着手去解决。

林老师在课上讲过，情绪是能量，存在于人的肌肉里。如果你不能把这些能量转化成学习改变的动力，那么就要把它们释放出来。否则，这些情绪就会攻击你的身体，包括皮肤、消化系统和脑神经等。

以牛牛当时的状态，需要大量释放他的情绪。那么，怎样做，才能让一个自我封闭的4岁孩子释放他的情绪呢？

首先，我需要改善我和儿子的亲子关系。我开始不断地向他表达爱（以前我总是难以说出口），不再要求他让着妹妹，公平对待他们，花时间陪伴他，接纳他，等等。然后，根据林老师给出的方法，每天陪他画一幅画，随便他天马行空地画，接着引导他用故事的方式表达出来，天马行空地讲，讲什么并不重要，重要的是让孩子先画，后说，他的情绪就释放出来了。

大概画了一两个月，加上我每天给牛牛做心理营养，牛牛慢慢地信任我，接受我了，有需求时，会简单地跟我提出来，面部的各种不适表情也没有了。同时，他开始大量地释放情绪，最初每天几乎都会有三四次的发泄，大哭大喊，对我又抓又咬。那段时间正值夏末秋初季节，穿得少，我身上总是旧伤没好，又添新伤。我真的很心痛，不光是因为身体，每每看到孩子歇斯底里的样子，我也忍不住默默流泪。

就这样，又过了两三个月，孩子的哭喊从最初的每天三四次，到每天一两次。慢慢地，又到一月，甚至一年两三次。时至今日，孩子的情绪肯定还是会有，但像以前那种歇斯底里式的发泄，近两年再也没有出现过。更让我意外的是，牛牛从很小的时候就便秘，一般7至10天大便一次，但是，近半年从一周两三次，到隔天，甚至每天一次，越来越正常了！给了孩子释放情绪的渠道，让孩子自由奔跑玩耍，让他说，让他唱，允许他大哭大笑，孩子的情绪就会越来越稳定、平静！

再来说一下儿子最缺乏的心理营养。心理营养是林文采博士的原创理念，包含了无条件接纳，生命中至重，安全感，肯定、赞美、认同，学习认知模范5个部分。心理营养像生理营养一样重要。众所周知，人类若是没有足够的生理营养，有可能会失去生命，而得不到充分的心理营养，就会出现各种偏差行为、情绪问题、人际关系问题，甚至也会失去生命。

儿子牛牛，因为妹妹的到来，在他14个月的时候，就被送到了奶奶家。原以为这样做，能给他更好的照顾，没想到，我们错过了孩子在4个月至3周岁建立安全感的最佳时间。孩子3岁之前和妈妈分离，是需要特别强的安全感的。如果没有足够的安全感，孩子便不能和妈妈很好地分离，这会使他在以后的成长过程中，无论遇到哪种分离，都会脆弱不堪，难以振作。甚至入睡困难，也是因为分离焦虑。对当时1岁的牛牛来说，突然离开了爸爸妈妈，内心无疑会恐惧不安。原本最亲密的妈妈，都如此难以信任，他要保护自己，要活下去，于是就拒绝和外界交流，把自己封闭起来。

并不是所有的孩子，都会像牛牛这样拒绝其他人给他心理营养。大概10%特别敏感的孩子，只接受父母给他们的心理营养。所以，当时我要做的第一件事，就是把牛牛从奶奶家接回来，照顾他的饮食起居，陪伴他游戏成长。我一面修复着和先生的关系，一面坚持学习和自我成长，努力修炼自己，使自己成为一个情绪稳定的妈妈。

孩子最初很抗拒，不允许别人抱他，胆小、怕黑，每天凌晨2点才能入睡。我开始调整他的睡眠，让他每晚在固定时间玩游戏、听故事、听音乐、做按摩，慢慢地，他能在11点左右入睡。就这样，大概过了两三年，我们离开了熟悉的城市，到上海生活，牛牛突然又开始倒退，每天一副生无可恋的样子，对什么都提不起兴趣，不吃、不睡、不想玩，就在床上躺着。

那个时候，他一天只睡两三个小时。也就从那时候开始，他晚上睡觉，需要一边一个，两个人陪着，上厕所、洗澡都是一前一后两个人陪着。我很清楚，他在大量吸收安全感，这是好的征兆。所以我无条件接纳他、满足他。这个状态持续了一年多，当然，整个过程是慢慢有好转的。某一天，9岁的他，突然跟我说要自己睡。作为母亲的我，真的是百感交集，欣喜若狂。虽然分房睡没有持续下去，他又要求和外公睡，和爸爸睡，要求爸爸妈妈一起陪他睡，但那又何妨？等他的安全感足够了，自然会独立。我只要接纳他、允许他，给他时间就可以了！

孩子安全感的建立，父母和谐的关系很重要，妈妈的情绪稳定很重要，还有，让孩子做力所能及的事情，也很重要！从接回牛牛的那一天开始，他都是自己洗澡、洗头、洗内裤，一直坚持到今天。做简单的饭菜和家务，他都没问题。我觉得他能为自己负责，能信任自己面对生活，这是最好的安全感！

牛牛马上11周岁了，我花了六七年的时间，浸泡在林老师的各个课程里，用心理营养，一点一点地把光引入这个小男孩的黑暗世界里。孩子从最初拒绝交流，到想和小朋友交流，但不知道怎么交流，再到现在学着和小朋友交流，他越来越敞开自己、越来越相信自己了。这是一个质的变化，这是一个巨大的进步！

那个小小的他，就这样努力地艰难地不懈地一路走来，我为他感到骄傲，我为他感到自豪！

临近结束，再来说说我自己吧。我曾经一度不满，不停地抱怨上天对我不公，让我面对如此的挫折，饱受多年的磨难。但是今天，我由衷地感谢儿子，他似天使一般，指引着那个混沌度日的我，度我于阳光明媚之地。我才是这场浩劫中的最大受益者！

谢谢自己没有放弃，谢谢儿子没有放弃！这是多么了不起的一件事！他做到了！我也做到了！如今的我，越发柔软温暖，亦越发坚强有力，无论遇到什么都可以不卑不亢，从容面对！

最后，要感谢我的恩师林文采博士，她像黑夜中的一颗闪亮的星，像航行中的一盏灯，照亮了我前行的路，也点亮了我的整个人生！

林文采老师点评：

一、近十年来，我因为教课频繁，已经很少在课外接个案了。特别是我没法跟进个案，像莎莎这种没上过我的课的妈妈（后来她参加了一些课程的学习），我是不接的。但是，莎莎是一个例外。主要原因是，我听说了孩子的状况：

学习缓慢，有自闭倾向，脸部抽动。

二、第一次看到牛牛时，他是完全没法停止跳动的。他在酒店房间里不断跳动，乱喊乱叫。他唯一能反应的，就是画东西。我见过很多来咨询的小孩子，我知道孩子这种表现的主要原因是情绪太满了，必须要有宣泄的渠道。我在一小时里，教导莎莎怎么对孩子说话，怎么肯定孩子（哪怕是在看起来没有一件事情做得好的情况下），怎么抚摸孩子（哪怕孩子是抗拒的）。

三、现在和大家说说，怎么通过绘画让孩子释放情绪吧。

1. 给孩子买适当的颜料和画纸。让孩子自由地画，画完给他的作品起一个名字。有时，父母也可以给他一个题目让他画，比如房、人，比如猫、狗，比如超人，等等。

2. 在绘画的过程中，父母就可以适当地给予肯定和赞美：

"哇，这棵树画得真好看，真可爱，颜色很漂亮……"

"你怎么懂得这样画的？"

"谁教你马路可以涂红色的？很特别哦，妈妈喜欢。"

"哇，你知道吗？你已经安静地画了半小时了，真是一个专心做事情的孩子。"

3. 等孩子画好了以后，我们先好好欣赏一下，眼睛发光，然后让孩子对这幅画进行叙述。例如，孩子画了房、人，我们就开始天南地北地和他对话：

"这棵树好壮啊，已经几岁了？"

"这棵树大哥，认识这间房子里的人吗？他们家里有什么人？"

"树大哥最喜欢谁呢？为什么它最喜欢妈妈？"

"妈妈会讲什么故事？"

"树大哥喜欢这小孩吗？为什么呢？"

"这小孩最喜欢做什么？"

"这小孩最不喜欢什么？"

4. 等孩子做了这些叙述后，孩子的情绪自然就能释放出来了。这是一个很有效的方法，一般父母天天耐心和孩子绘画，等到一两个月，孩子的情绪、行为就有很大的改善了。在绘画过程中，孩子就可以轻易感受到无条件接纳，重视，安全，肯定、赞美、认同了。

四、大家看到我们似乎说得轻描淡写的，其实，如果你看过牛牛，就会知道过程是多么的艰难。后来，莎莎常来上我的课，每次看到莎莎，我都觉得很感动。因为第一次看到牛牛时，我就知道，牛牛其实是属于情况比较严重的孩子，需要妈妈很有耐心，很有毅力，真正能做到无条件接纳。

莎莎，你做到了。

后妈和继女——天生气质养育法

卢敏利

> 与继女矛盾冲突、夫妻不和、女儿缺乏安全感、夫妻共同补充心理营养、为继女煲汤、临睡前的约定、忧郁型孩子的养育

一、曾经过往，难言心伤

我与先生相识那年，他的女儿6岁了。

一开始，我们一家人相处得还算好。两年后，我和先生的女儿也出生了。第一次真正当母亲，我手忙脚乱，也不懂得怎样为人继母，导致家庭生活非常糟糕。继女逐渐长大，越来越不听我的话，也不愿跟我说话了。

我开始怀疑人生。很多时候，悔不当初：难道真是嫁错了郎？为什么要选择一个带着女儿的男人结婚？难道就是俗语说的"继母永远好难当"？我的先生为什么就不能发挥好桥梁的作用呢？

我的思绪杂乱，心情烦躁、低落、抑郁，行为狂躁，经常为了继女的事与丈夫吵架、打架。

先生的工作和创业都不顺利，也不理解我。这让我爆发了踢猫效应，越来越讨厌这个继女，并且脑海里经常浮现出她曾说过的话："在这个世界上，我心目中只有一个妈妈，在老家。"

渐渐地，我看继女越来越不顺眼，经常苛刻地找她的茬，甚至经常揪她。

记得有一天晚上，我一边揪着她，一边给她在外应酬的爸爸打电话，让她爸爸在电话里听着她的哀号……那晚，先生醉酒被送回。我们又狠狠地大吵了一架。

从那以后，我开始威胁先生，要么把他女儿送回老家去，要么就离婚。

那时的我，非常痛苦、无助，以泪洗面，与先生的关系越来越差，每次发生矛盾与冲突，心里难受时，就到处打电话找人诉苦。朋友们都劝我：

"她又不是你亲生的，她好不好，关你什么事？你再这样严厉对待她，骂她、打她，她会记仇，长大以后，她会讨厌你、恨你一辈子的。后妈不好当！"

"她有爸爸，让她爸爸来管教，你只是个后妈，只管好自己的女儿就行了。"

其实，这些道理我都明白，但既然是一家人，我真的做不到。因为我一向做事认真负责，回到家，又把自己当成她的亲生妈妈和她相处。当她某些事做不好，立即用放大镜看她的不足，劈头盖脸骂她，对她说："你叫我阿姨，我就什么都不管你，不说你，不教你。如果你叫我一声妈妈，我就要对你负责任，管教你，甚至打你，你思考一下，还要不要我来管你，给我回复。"

为此，我求助于心理咨询师："老师，我的继女叫我妈妈好，还是叫我阿姨好？"

一波未平，一波又起。我伤心地发现，我的很多消极情绪传给了小女儿。从她4岁起，简直就是我的一面镜子：

我对她吼，她也学着吼；我没耐心说，她也没耐心听；我情绪失控，她也撒泼哭闹。

最可气的是，你不理她，这面镜子就跑到你面前来照着你！

二、汲取营养，完整成长

幸运的是，我听了一堂名为《0—18岁的心理营养》的课程。给我印象最深刻的是，每个时期的孩子，需要的心理营养都不同，授课老师用案例来说明：如果不及时补充心理营养，孩子越大，后果越严重……

到底什么是心理营养？它有这么大的威力与功效吗？处于亲子关系困境的我，真心想要探究它究竟是什么。

当天晚上，我上网搜索《心理营养》一书，也因此开始接触林文采老师。其中，令我感受最深刻的一句话是："没有教不好的孩子，只有不会教的家长。"

如此说来，那一定是我自己的方法有问题！我毫不犹豫下单购买。然后，从头到尾，我至少研读了三遍……

每次我都会掩卷沉思。当年生小女儿的时候，因为老人不在身边，都是大女儿洗衣、买菜、做饭，洗刷、消毒奶瓶，这些情形历历在目。而我，却经常以爱的名义，伤害她。

"女儿，对不起，是我错了。"同时，我更加理解继女——大女儿了：亲妈不在身边，爸爸是个粗枝大叶的人，不太会关心与陪伴。

记得她曾说："在妈妈肚子里时，已经听到父母经常吵闹的声音。"可怜的孩子！

与此同时，我发现小女儿也严重缺乏安全感，从不敢单独睡觉，还经常咬指甲，焦虑、烦躁、脾气暴……

在我的影响下，先生也捧读了《心理营养》，而且爱不释手。他因此一发不可收，还考取了国家心理咨询师资格。

一天，他拉着我的双手，两眼注视着我："老婆，感谢你一直为这个家操劳，付出了很多，你辛苦了！我以前一直跟你吵架，是我不对，以后有做得不好的地方，希望你及时提醒我，我愿意配合，与你一起学习成长，养育好两个女儿，经营好这个家！"

"我们两个孩子，一个处于青春叛逆期，一个处于自我意识发展期，家长是原件，孩子是复印件，最需要改变的是我们家长。孩子一半来自母亲，一半来自父亲，我一定要更多地承担丈夫、父亲的责任，我们一起努力吧。"

我觉得，这是先生给予我的最大的心理营养。

我们决定先把处于青春期的大女儿带好，协助她迎接中考，进而再影响带动小女儿。同时，我也允许自己会犯错，或管控不好自己的情绪。在整个过程中，我全然接纳自己和大女儿的情绪和行为，只要我愿意和努力。

我逐渐明白，这世上所有的误会和矛盾，都来自不理解、不沟通。当时，大女儿沉默寡言已久，我们担心她得了自闭症，就带姐妹俩报名参加了演讲与口才培训，提升她们，特别是大女儿的自信心、沟通与表达能力……不久，大女儿说，在舞台上找到了自信，跟我说的话也多了起来。

大女儿开始寄宿的时候，每逢周三的下午，我都坚持煲好靓汤，和小女儿一起送给她。用她的话来说，"不但有了身体营养，还有心理营养。"我们的关系，越来越亲近了。

我生性痴爱学习，现在一如既往。从2004年开始，我开启了考学历证、心理咨询师证、听公益课、看心理书的个人成长旅程。虽然和大女儿关系的改善，让我感觉心中的大石头落地了，但另一块小石头紧接着悬了起来。因为之前夫妻关系不好，在小女儿面前树立了不好的父母形象，以及处理人际关系的固化模式。究竟应该如何刷新小女儿头脑中的记忆系统，并让我们的亲子关系更加融洽和谐呢？

正当我怀揣个人成长和改善亲子关系的强烈愿望，深陷郁愁、反思和自责而又无计可施之时，听说林老师在广州开讲"萨提亚模式专业课"，我就毅然报名了。

从此，我接触到了丰富的训练。林老师亲自做的个案演示，特别是关于原生家庭图解的部分，揭开了困扰我多年的谜团。原来，我的许多行为模式，都是来源于我的原生家庭，我受妈妈的影响很大。在做原生家庭互动时，我脑海里所有的情景，都是妈妈指着我骂，说我这做不好，那做不好。现在我这么负责任，付出这么多，抱怨满天飞，也是为了得到妈妈的赞美和认可。我的心理营养一直缺乏，自己又无法补充，更不用说给我的先生和两个可爱的女儿了。

在冰山隐喻环节，我学会了理解潜水冰山，清晰了界限、生命力和五朵金花绽放的内涵。比如，我曾以爱大女儿的名义来管制她，一味地埋怨和付出，却从不看她的感受和反馈。那些打着爱和理解的名义的行为，实则都是为了满足我自己的付出感，只是受自己的思维控制的行为而已，和真正的爱和理解并没有太多关系。因为我没有正常范围的边界感，导致她觉得被冒犯、被打扰，不被尊重，于是就跟我对着干。而我，却愚昧地认为她不听话，心里没有我这个后妈。

至此，我找到了自己的很多卡点，发现了自己很多非理性思维与行为模式的源头。于是我抓紧梳理好自己内在和外在的关系。

可以说，10天的课程，干货满满，实用、落地、有力量，我越听越清晰，越学越喜欢，也感慨自己接触和学习林老师的课程太迟了。要是在结婚、生孩子前知道这些知识，该有多好啊。

好在"只要起步，永远不晚"。我经常分享下面的心得：

"在我最困难的时候，如果有人说花几万元，可以指引我，不用这么痛苦地煎熬多年。那时，我也许还会犹豫；而现在，不管多少钱，我都愿意，我不想再因为无知，付出沉重的代价，浪费许多自己和家人的宝贵时间。且行且珍惜。"

我的小女儿属于乐天型气质，最在乎关系。于是，我就在我与她的情感联结上下功夫，循序渐进地给予她安全感。

我们约定，每天晚上睡前一起阅读30分钟，相互说三句肯定、赞美、认可的话，还有拥抱。她非常开心，然后，我们互道晚安，甜美进入梦乡……

三、沐浴阳光，温暖舒畅

大女儿的初中三年，我伴随着她成长，我和她就像姐妹俩，彼此感受到对方的爱、理解和尊重，还有关心与支持。

这种感受，真的非常舒服。

记得大女儿在一篇获奖作文《寒风暖意》里这样写道：

这天，妈妈又从车后备厢里掏出一个保温瓶，递到我的面前："刚煲好的汤，记得趁热喝啊。"我伸出双手接过那个保温瓶，保温瓶表面的温度让我冰冷的手顿时感到了无比温暖，这种温暖令我感到很舒服。

我惊奇地发现，妈妈的脸颊几乎布满了"惨不忍睹"的皱纹，不只是脸颊，就连为我套上外套的双手也是如此，而且，妈妈的双手犹如冰块一样冰冷。

霎时间，我的双眼布满了泪水，心里一直在重复着一句话："妈妈，您辛苦了！"可是，我却迟迟说不出来，嘴巴好像被什么东西堵住似的，有感动，有难过，也有自责……

突然，妈妈的手机响了，她看了下屏幕，马上说："哎呀，我得赶紧回去上班了，记得喝汤啊。"这时，我终于小声地说了句："妈妈，谢谢你，再见……"

妈妈走了，我呆呆地站在那里，望着她的身影，在眼里打转的泪水终于流了下来……

寒风，终究过去了；感谢这股暖流，一直陪伴我成长。

看完她写的这篇文章，我感觉她长大了许多，懂事了。**我慢慢收敛和停止了对她的命令、指责、唠叨。安排她做事**

时，先问她有没有空，可不可以帮忙，愿不愿意做，多听她的意见。当我有情绪，或者表达方式有问题的时候，她会勇敢地指出来，希望我怎样说，她会觉得舒服。

不久，大女儿又袒露了她的心声：

小时候，妈妈很凶，经常打骂我，我很怕她，不敢跟她对视、说话，偶尔找她商量事情都要犹豫很久。但是，自从妈妈学了心理学，特别是接触了心理营养，她开始理解我，懂我的感受，我觉得身边有人在用心地关心我，关注我的生活和一切，我感到很温暖。

慢慢地，我愿意敞开心扉跟妈妈聊天了。特别是初三的时候，面对中考，我有很多压力，是妈妈给予我鼓励。每周三，她会带着妹妹，给我送好喝的汤，还有许多好吃的，我感到很幸福，我感到有人在爱着我。有一次，妈妈因事晚来送汤，我都在害怕妈妈不会再来看我了。中考的压力使我产生焦虑，我害怕像从前一样。但是，后来妈妈还是赶来了，抱着我说她不会不来，她支持我……我感受到有一股强大的力量促使我勇敢、坚强。

面对中考，也许很多人感到害怕和恐惧，而我是带着父母和妹妹的爱去参加中考的。后来，我考出了意想不到的好成绩。在报考志愿时，我记得妈妈说过，她希望我们能够尊重她，凡事跟她商量，因此我决定听听她的意见。正是因为采纳了妈妈的意见，我很开心地报读了幼师专业，志愿当一名优秀的幼儿老师，帮助更多的孩子和父母。

我越来越发现，妈妈的改变不是一点点，而是很多很多，她时时刻刻都在成长，成了一位让我和妹妹都喜欢的好妈妈！

和大女儿关系的融洽，感染了我的小女儿。她从4岁开始，就跟姐姐一起学习演讲与口才。她悟性好，吸收快，比同龄的小朋友表现得更自信活泼，灵性可爱，很有主见，情商特高，伶牙俐齿，爱表达感受与想法。

现在，我们总有聊不完的话题。而那个约定，变成我们每天晚上必做的例行功课。睡前，小女儿就会跑到我面前，对我说三句赞美的话才回房间睡觉。或者提醒我，还没有对她说那三句话，希望我对她说完。

就在我赶写着这篇文章的时候，她又跑进了我的房间，对我说：

"妈妈，和你在一起很温馨，我很开心，我最爱你了。"

"长大了，我也要当心理咨询师，懂别人的心，说温暖的话……看到你努力，看到你成功，非常好！"

四、知行合一,积极向上

事实上,孩子是我的老师,她来到这个世界上,督促我把从前忽略的课程补上,不断完善自己的人生地图。如果我处理不了与自己的关系,怎能处理好与孩子的关系呢?

孩子是天使!现在,我的生命正在逐渐拓宽,这是孩子带来的改变。

如果我抗拒成长,就会把成长的任务转嫁到孩子身上。写到这里,我想起了纪伯伦的诗:

> 你的孩子,其实并不是你的孩子,
> 他是生命对自身的渴望而生的子女。
> 他借你而来,却非因你而来,
> 他与你在一起,却不属于你。
> 你可以给他以爱,却不能给他以思想,
> 因为他有自己的思想。

突然间,我脑子里蹦出了"爱是想触碰又收回的手"这句话。

"触碰"本身只需要勇气,或者说冲动就行。而"收回"这个动作,就是站在对方立场上想对方的反应,从而克制了自己的欲望。

不要觉得自己做了什么、说了什么，就是爱对方，尊重比爱更重要。

"我"是一切的根源，要想改变一切，首先要改变自己。而学习，正是改变自己的根本！

在我最痛苦的时候，缘分让我学习和吸收了心理营养。在我最困惑的时候，缘分让我遇见了林文采老师的萨提亚专业课。从此，我的心结被打开了。我收获了与继女的亲子关系，我们如同姐妹俩，情深意浓。别人都说我成长有序，教女有方。

如今，我和先生共同成长，双剑合璧，相得益彰。我们一起打造心理咨询界的伉俪品牌，相信在滋养心灵、助人成长的事业征途上，会书写出新的篇章。

林文采老师点评：

一、这篇文章入选的原因，是它讲述了后妈和继女的真实关系。可能有人觉得，这样的关系很难处理。但是，大家可以看到，心理营养真的对各种关系都是百发百中的，什么时候知道、什么时候开始运用，都是有效的。

二、除了给继女做心理营养，作者还针对孩子的天生气质，给了孩子最在乎的东西：关系。与乐天型孩子建立关系的方法，就是给他时间，陪伴他，听他说话，和他说话，有机会就肯定他，就可以了。

三、什么是天生气质呢？就是孩子与生俱来的气质，它不是遗传的，而是人类天生就有的差异性。就像人类有两种性别，男人和女人因为性别差异，会有本质上的不同。同样的，到目前为止，我们看到孩子有4种不同的天生气质。近20年来，研究天生气质的机构提出人有5种天生气质，但是，我觉得还需要更多时间收集相关资料和观察。所以，我在这里只讲解4种已经非常确定的天生气质，以及要注意的一些问题。另外，要特别提醒，当我们说一个孩子是乐天型的时候，只是说他乐天的气质比较多，占了主要的部分，但是其他类型的天生气质，依然是有的，每个人的比例不一样，所以这世界才如此多姿多彩。

四、天生气质的类型。

1. 乐天型。天生气质以乐天为主的孩子，是真正的外向性格，活泼乐观，温暖热情，有同情心。这种孩子是关系导向的，也就是说，在做重大选择时，以关系为主要考量因素，而不是道理对不对。你必须和乐天型的孩子处好关系，才能教导他。否则，他不会听你的。对乐天型的孩子，最有效的心理营养是花时间和他在一起玩耍，或者谈话、聊天，然后再找机会给予肯定和赞美。这样，你很快就会得到一个贴心温暖的可爱宝宝。

2. 忧郁型。忧郁型的孩子一般会比较敏感，容易受惊吓。他们的优点是聪明，专注，有艺术天分，比较自律，做事很负责任。他们是任务导向的孩子，对自己该负的责任，会努力完成，做不到会很焦虑。所以，对这样的孩子，父母不可对他期待太高，否则他会把自己逼死。忧郁型的孩子需要很多安全感，也需要有自主权。父母要随着孩子年龄的增长，渐渐下放权力，让孩子多一些自己选择、自己负责的机会。这样的孩子，也最忌讳语言伤害。父母对自己恶毒的语言，可能会觉得无所谓，但是，我可以告诉你：忧郁型的孩子很难忘记那些伤害性的语言。那些语言可能会影响他一生。

关于养育忧郁型的孩子，刚好有个案例，大家可以参考借鉴。

养育忧郁型的孩子

武 静

3岁时，海鸥有些小执拗。我批评她，她倔强而坚持，我怒火冲天，厉声说：说对不起！她拧着小脖子，沉默！我声音提高八度：说对不起！她无奈而气愤地喊：妈妈，对不起！之后，上床睡到最里侧。一夜，给我一个委屈而难过的小后背！难过和心疼涌上心头，我该怎么办？对3岁的女儿我已经没有办法，已经无法沟通，之后的漫漫长路，该怎么继续！

海鸥3岁半时，我到北京求学，在彷徨中寻求着方向。海鸥，我的女儿，竟然整整一年没有和我进行过沟通，通电话时，总是淘气地叫一声妈妈就跑开了；视频时，也只是做几个鬼脸就离开了！没有任何的联结！远方的我，任由思念折磨！

女儿4岁时的暑假，我去北京和导师做课题，爱人带高考毕业班去云南旅游，女儿在乡下的奶奶家住了20多天，竟然拒绝接听我所有的电话！

女儿4岁半时，我婉拒导师的挽留，回到家中照顾女儿！幼儿园老师说：海鸥说话的声音好小好小！上课的时候从不举手！

回过头来看看这些往事，我还是会落泪！会心疼！为那个小小的女孩，曾经不被理解的心灵！

女儿婴儿期时我们之间那份亲密无间的爱，怎么会变成这样？

我相信冥冥之中，有一种力量在指引着我走向幸福的、美好的生活！ 2012年，我走进了林老师的亲子关系工作坊。

林老师讲：孩子，就像一盆植物，她有她原本的样子，你能做的就是给她需要的阳光、水分！她不会因你对她说，喂，你快点长！或是你长得高一点！就会真的如你所愿！也许她是玫瑰，也许她是百合，也许她只是一盆水竹！她只是因为一些机缘，恰好生长在你的家中，而你，没有权力去限制她的生长！做妈妈，意味着你拥有一个可以朝夕关注的小生命，但绝不意味着，你可以决定她的一切！

知道错了，就开始改变，一点一点学习好好爱她！

【忧郁型孩子养育之重点，以海鸥为例】

1. 重视。充分而绝对地尊重她的意见。

她的事情，她说了算，所有与她相关的生活细节，一一征询她的意见，小到去幼儿园穿什么衣服，大到去哪里旅游。认真听取她的想法和意见，来了解她的期待和喜好！

遇到不同意见时，先理解她的愿望和想法，然后说出客观实际的局限，温和表达自己的建议。永远像对待成年人一样与她平等对话。结果，我和孩子之间很快就形成了一种融洽的关系。

2. 无条件接纳。充分认可孩子付出的努力。

一个家庭只能有一颗最亮的星星，作为忧郁型气质的我，从此以后只做女儿身后的背景，不再完美主义地挑剔，不再总是高期待地提要求，这对我而言是一个漫长的学习过程。但不论我的内心有怎样的不接纳和情绪，都拼命告诉自己，这是自己的成长议题，要打包自己处理。在孩子面前，我要发挥妈妈的功能：爱，温和，接纳，给她安全感！

海鸥小学时有一次考试，因为作文跑题，她成了班里唯一成绩不及格的孩子。老师的电话打到了我这里，我听了很震惊，先是在电话中安抚了老师，然后慢慢平静自己的内心。那一刻，我忽然有一种感觉，如果老师的情绪已经到了我这里，那么孩子在学校应该也承受了很大的压力。纵然错得不应该，但一定有办法让这个错误不成为心灵的阴影。

海鸥一进家门，书包都不敢放，站在门口惊恐地看着我。忧郁型的孩子对于自己犯错是不接纳的。我看着她，很温和地说道：妈妈知道了，老师给我打了电话，在学校里一定很难过吧！海鸥一下子绷不住了，跑回自己的房间，趴在床上痛哭不止。我轻轻地抚摸着她的后背说，哭吧，并关上房门，任由这个孩子挥洒、宣泄自己的泪水和压抑！

听到哭声减弱，变成了抽泣，我轻轻地走进房间，把她抱在怀中。

我对她说：妈妈看了你的卷子，你前面的基础题，写得十分工整和认真，而且基本都对了，妈妈知道你在答题的时候是很认真的。

她拼命地点头：是的，妈妈，我是很认真地答卷，但不知为什么会成为这样？

我：我看到了，你不是故意的。那么告诉妈妈，在这个错误中，你学到了什么？

海鸥认真而坚定：从此以后再也不会犯这样的错误了。我一定会认真地看作文要求。

我：哇，如果收获这么大的经验，那么这个错误太有价值了！

海鸥点点头，又很担心地说：可是妈妈，开家长会，我怕别人会笑话你！（忧郁型的孩子常常最不能接受的，是让自己的妈妈受伤。）

我笑道：如果这个小错误给我的女儿一个这么大的经验，我骄傲还来不及呢，妈妈不在乎别人怎么看！

从此以后，海鸥再也没犯过同样的错误，而这件事成为她在学习上面对犯错的一个很好的经验：不质疑自己，很坦然地面对。

3. 信任、安全感。允许她控制自己的学习节奏和学习方法。

把她的事情交给她，并允许她用自己的方式来完成，不因一时的效果而催促她。在她的初中时代，这是我们着力要做好的事情。初中时的她，学习科目众多，应接不暇，人际关系发生了新的变化，对自己有很多的新期待渴望实现，真的是千头万绪。

随着一次次考试成绩的起起落落，她经历了考好了——骄傲，考不好——奋发，坚持不住——颓废的历程。几经波折中，我和爱人都在后方默默地注视她，我坚信，这个孩子会在这些纷乱中找到自己想要的，我们一直在做接纳和认可，因为她一直在努力，从未放弃。直到有一天，她说妈妈，我终于知道了，只有学习才能帮我实现我所有的期待和梦想，其他的都是浮云！我的人际关系已经处理得很好了，现在我要把精力主要放在学习上了，我总觉得我的实力还没有发挥出来！于是，我们睡了，她的台灯还亮着！我们醒来，她的台灯已经亮了！真的应了那句话，每一天叫醒你的，是梦想！

终于，运用心理营养7年，我收获了一个心态健康、学习动力十足、对自己的未来充满信心的孩子！感恩林老师对心理营养的研究和发展，让无数像我一样的父母找到了希望！

3. 激进型。激进型孩子的特点，就是精力充沛，碰到困难，可以不屈不挠，意志力和自律性特别好。只要父母给予这样的孩子足够的心理营养，就会发现他很好养：有爱心，人际关系好，自信快乐，他会把所有的天赋发挥出来，用全身力气追求理想，完成自己的目标。激进型的孩子勇于追求成就，以目标为导向，所以父母要教导孩子从小树立正确的三观，培养他的同情心。

4. 冷静型。冷静型的孩子，一般理科会比较好。很多理工男女，都是冷静型气质的。冷静型的孩子小心谨慎，所以整个躯体动作相对就比较慢，有时父母会接受不了他们的慢动作。但是，非常明显的是，冷静型的孩子很不喜欢被骂，他们不喜欢顶嘴，所以你越骂他，他就会越慢。反之，对冷静型的孩子，给予的心理营养越足够，他们反而可以变得越积极，速度也会改进。冷静型的孩子，一般是我们所谓problem free（没毛病）的孩子。他们性格温和，很少有极端的情绪，愿意把自己的事情做好，是个任务型的孩子，负责认真，很靠谱。他们只对信任的人分享感受，一生追求的是拥有和谐的关系。父母不断的指责辱骂，会毁了一个冷静型的孩子。

关于天生气质，我就讲到这里，有兴趣的读者，可以参考我的另外两本关于心理营养的书。

水水变形记

段嘉宣（11岁）

> 哪吒一样的男孩、父母离婚、父亲的暴力威胁、妈妈的改变、离婚的父母可以做些什么、学生也能实践心理营养

2020年春节，新型冠状病毒从天而降。妈妈说形势很严峻，也不让出去玩了。新闻里讲，很多地方封城了。当时我在奶奶家，初一还可以去胡同里转转，第二天早晨起来，就听到喇叭广播封村了！我问妈妈，怎么冠状病毒早不来晚不来，偏偏在春节来啊？妈妈说，疫情严重，但是可以防控，最好的方式就是在家里待着。也许是老天觉得大家平时节奏太快，要大家歇歇脚步，静静心，整理一下自己吧。听妈妈这么讲，我就突然想起，我的变形记还没写，现在可以提起笔来写写自己的故事，写写心理营养对我的帮助。

大家看到电影里的哪吒，就如同看到曾经的我。那时我是班里最招人烦的一个，而我内心里就是和哪吒一样，我

是好的，我也想好，可是我没有力气表现出来。一年级，我成了个野孩子，妈妈一直住在医院，爸爸突然就不回家了，一个学期加一个暑假，家里只剩下我和奶奶。奶奶在家骂爸爸，爸爸偶尔回来，摔我的平板，我的脸被砸得满脸血。我很难过，自己的家怎么就变成了这样？我恨爸爸，在妈妈生命奄奄一息时，爸爸还在逼妈妈离婚。妈妈生完妹妹回家，疼得哇哇大哭，我抱着妈妈不知该怎么办。爸爸为了逼妈妈离婚，把家里全砸了。爸爸扬言，再不离婚就杀了妈妈，杀了我和妹妹，我很害怕。妈妈每天哭，我那时只想带着妹妹去流浪，逃离这个家。我愤怒，但我不敢惹爸爸，我就骂奶奶，咬奶奶。

所有人都骂我，说我怎么变得这么不懂事？我也想懂事，可是我不知道自己怎么了。我开始打同学，打的那一刻就像爸爸在打我一样……我想杀了那个坏女人。我在书桌上刻手枪，刻那个女人，我就想杀了她。我光脚追着爸爸到楼下，求他不要走，爸爸头也不回，电话也不接。爸爸说，每个人都有自己的生活，要我自己慢慢适应。我再也不相信任何人，我恨爸爸，恨那个女人。我心疼妈妈，也烦妈妈的眼泪。爸爸和妈妈终于还是离婚了。我恨爸爸，恨老天！

我家一直很幸福，怎么就因为妈妈生妹妹，就变成了这样，电视上的情景怎么出现在我家了？过了很久，爸爸来看我，妈妈说你可以去见他。可是见爸爸回来以后，姥姥骂我没良心，妈妈阴沉着脸，我好像犯了弥天大错，感觉自己是个小偷……平时在家里，我也不敢放肆，但是我脾气好大，心里总有一团火。妹妹几个月大的时候，把我的乐高给弄倒了，我把妹妹打得后背都紫了。妈妈回来时，用棍子打了我100下，边打边数，还告诉我，她的孩子不可以说谎，要学会尊老爱幼。离婚后的妈妈变成了恶魔，我记得之前的妈妈是白领，很多人都羡慕妈妈，现在怎么就变成了恶魔？

二年级的时候，妈妈不知道怎么就突然变了。有一天，妈妈回来告诉我说，儿子，你想见爸爸就见吧。爸爸有做得不对的地方，你可以恨他，但是你想他，就可以去见他，他始终是你的爸爸。我感觉自己在做梦。我见完爸爸回来，妈妈不再问爸爸和我说了什么，她也不再拉下脸。我连回家的脚步都是轻松的。奇怪的是，我看到妈妈工作很忙，可是她回家会陪我玩。有一次，我和妈妈在读绘本，妈妈的老板打电话来，妈妈接过电话就说："徐总，我在和我儿子玩，有什么事回头再说吧。"说完，就挂了电话。哇塞，我当时都看呆了，我说："妈妈，那可是你老板，你不怕被骂吗？"妈妈说的话，我到现在都记得，妈妈说："你和妹妹，是我最重要的人。妈妈工作是为了你们，你们不开心，我工作有什么用？现在是我陪你们的时间。"我那天特别开心，抱着妈妈，居然哭了。我原来不是妈妈的累赘，妈妈爱我。

我趁着妈妈高兴，大着胆子问妈妈，为什么她变了，不怕我和爸爸相处多了和爸爸更亲吗。妈妈说:"我跟着林文采老师学习了,我要做你的重要他人,你选择和谁亲是你的决定,妈妈只和他拼谁是你的重要他人。"我这才明白妈妈为什么总在家听林文采老师的课了。那时,我感觉是林老师救了我,让我在家里可以舒服地生活。

现在,我五年级了。以前的学习成绩,从0分、8分,到几十分,我都考过。奇怪的是,妈妈从来不骂我,也不像其他的妈妈一样大吼大叫。妈妈在家里办了思维导图班,我们班的很多孩子,都来我家上课。我后来才知道,妈妈是为了看我和同学如何相处,才办班开课的。妈妈从来不唠叨,我们班的同学都特别喜欢我妈妈,我再也不会因为爸爸妈妈离婚,而觉得丢人了。甚至我们班的同学还羡慕我,说我妈妈真好,真温柔。

我二年级期中考试前,摸底考试考了55分,而我班同学都是八九十分。回家以后,我以为妈妈会骂我,就问妈妈看到群里的成绩了吗,妈妈说:"看到了,妈妈看到你从8分考到了55分,你给妈妈讲讲你是怎么做到的?"我说:"妈妈,您不骂我啊?我班上其他人都考得比我高。"妈妈说:"我看到的是儿子的进步,别人家孩子和我有什么关系?"天呀,我回到学校讲给同学听,看到我们班同学羡慕的眼神,哈哈,我简直太骄傲了。

后来,班主任请妈妈去班里讲课,我才知道这是妈妈表扬的套路。肯定、赞美、认同，表扬的是孩子做事的过程，表扬后面不加期待。虽然是套路，但是我享受这个套路。而我的成绩也是这样一步步上升的，现在我上课时可以一节课全部听下来，成绩也在90多分，还经常会考到100分。我相信努力就会有收获。

妈妈还是我的模范，我原来回家就想玩手机，因为爸妈离婚前，爸爸在家就是抱着手机。而我现在的新爸爸和妈妈，在家会听老师的课，会抱着书看。遇到问题时，我看到的不是吵架的妈妈。妈妈经常会说，你的某个行为，我不喜欢，但是你依然是我的儿子。我也跟着妈妈学会了。我和同学的争论越来越少，他们和我在一起感到舒服，自然就做了我的好朋友。我也学会了观察同学和我自己的冰山，了解水面下隐藏的深层原因，这些都是妈妈教我的。我自己也跟着妈妈走进了萨提亚的课堂，还去了夏令营。我又找回了自信、帅气的自己！

谢谢林老师，谢谢您的心理营养课，让我的妈妈变回了温柔有爱的妈妈，让我遇到我现在的爸爸。三个不做、只做一个，是我的座右铭，也成了我们班同学的口头禅。

我在学校里，是这样运用林老师的心理营养理论的：

1. 安全感。做个情绪稳定的学生，不做情绪小炸弹。我有情绪时，就会画情绪小人。情绪是一种能量，没有好坏，比如我嫉妒同学学习好，这是告诉我，自己还没达到预期的目标,我要更加努力学习。同学们因此说我是暖宝宝。

2. 肯定、赞美、认同。我肯定同学对我的帮助,从来不说你下次怎么样,否则前面的肯定都是虚伪的。表扬就是单纯的表扬。

3. 认知模范。作为哥哥,我在家的表现,就是妹妹的榜样。我不用打妹妹,也不用批评妹妹,我做我自己。

4. 我自己是重要的,我是妈妈的儿子,我值得被爱,我现在的爸爸这么爱我,我一定值得被爱。我原来的爸爸抛弃我们,不是我们的错,我没办法选择谁是我的亲生爸爸,但是我可以选择长大后做一个负责的爸爸。

5. 我是优秀的,我是乐天型的,善良不记仇,脑子灵活,人缘好。我可以用好我的优点。我的计划性弱,答应老师的事很快就忘记了,我可以记在本子上。这是林老师书里说的,在优点里发展,在缺点里学习。

林文采老师点评:

一、这篇文章是一个11岁的孩子写他自己的改变。确实,从我第一次看到他,到经过半年后再看到他,真的发现他华丽丽地变身了。所有见过他的学员都很喜欢他。看完了他写的这篇分享,我们才知道这孩子经历了什么。没有人结婚是为了离婚的,如果真的无可奈何,我们只能努力把伤害降到最低。所以,我在这里补充一下离婚的父母可以做些什么。

二、如果离婚，需要告诉孩子离婚的事实。孩子在不确定中是最痛苦的。可以这样告诉孩子：我和你爸爸本来是一对陌生的男人和女人，有一天相遇又相爱，就决定结婚成为夫妻，后来也因为爱，就有了你。但是后来，我们两个人有过不去的坎，没有办法再相爱了，只好协议离婚。离婚后，我们不再是夫妻了，但是不同的是，你和我们有血缘关系，就算我和你爸爸离了婚，你永远是我的孩子，也是你爸爸的孩子，这是不会改变的。你要和谁一起生活，要怎么相处，你可以做决定。

爸妈离婚，只和我们两个人有关系，是我们不能再相爱，但是和你完全没有关系，不是因为你不乖，或者你成绩不好，即使你听到我们吵架时提到你，其实和你也是没有关系的。所以，千万不要内疚，父母的婚姻，父母自己要负责，和你没有关系，你也不需要做什么来拯救我们。

如果你想帮妈妈的忙，那么你只需要负责你自己这个人就好了。上学时努力学习，负责好自己的行为、语言、情绪就可以了。这样，你就帮了妈妈大忙了。

三、离婚后，妈妈能给孩子做的最大的模范，就是把生活处理好，活得快乐自信。将来孩子碰到什么困难，都会以妈妈为榜样。

轻微自闭症的孩子

杨秋溶

> 女儿轻微自闭、容易焦虑烦躁、笨拙懒散、被人反感排斥、家庭不和睦、母亲补充心理营养的实践、背包旅游的收获

我的儿子今年20岁，女儿18岁。儿子是个聪明、独立、有主见、厌恶规条约束、激进型的孩子。乐天型的女儿在14岁那年，正式被诊断患有轻微自闭症。8岁以前的女儿，乖巧、温顺、安静，那时的她备受疼爱。8岁开始发育后，她变得粗壮、笨拙、懒散、拖延，对周围的事漠不关心，缺乏同理心，无法自我管理，并开始变得邋遢，不注重卫生。日益显出负面、偏执、情绪化的女儿，让先生和儿子开始感到反感。而女儿无论在体形、外貌，还是智商、行为、性格方面，无一符合先生的期待。

女儿自小出现感统失调问题，我当时并不以为意。上幼儿园的时候，由于过于安静，女儿几乎不与同学玩乐，老师

曾质疑她是自闭症。但是，据我观察，她与哥哥互动、玩乐并无异样，也会主动拥抱我们，并无自闭症诊断里的无眼神交流、抗拒被拥抱等特征。直到女儿在过早发育期出现了种种状况，并遭到先生的批判与反感后，我才开始搜寻相关资料了解，却发现女儿并不完全符合自闭症的特征，因此我只能把自闭症的可能性排除在外。由于认知不足，先生和家人亦不认同女儿有自闭症倾向，而女儿的一些特征似有似无，无法很明显地证明她是自闭症孩童。当时的我，时常陷入疑惑、摇摆不定、不安的情绪里。

与此同时，当时同样不符合先生期待的儿子，因得不到父亲的心理营养，性情逐渐变得孤僻、冷漠、愤世。女儿的吊儿郎当、不识时务、反应迟钝、情感麻木，让我们经常为了她的事而起争执。她在一旁，却毫无感觉，仿佛与她无关，照常开心地观看电视节目。这让敏感的儿子，对女儿也很是反感和生气。

除了生活技能上的学习缓慢，女儿与人沟通时，常因错误诠释别人的意思，引发强烈的情绪波动。此外，她外出用餐必点炒饭。若无炒饭，她就会对身边的任何人与物生气，包括家人、服务员、餐厅环境，并拒绝用餐，甚至哭泣。另外，她对声音敏感，重复的噪声会使她极度烦躁，继而哭泣或抓狂。她很容易感到焦虑、烦躁。当庞大的情绪能量难以负荷时，她也会有自虐行为。她的种种异常行为和反应，让我感到非常焦虑、不安，也经常大失方寸，无力应对，更担心先生和儿子对她的厌恶加深。

在家，女儿是个被排斥的孩子；在学校，她是被全班同学边缘化和排挤的对象。除了不懂社交互动节奏，她还在过于热情和过于冷漠的两极摇摆，同学们也嫌她手脚笨拙、不注重卫生、有体臭、不识时务、患有情绪病。因此，在课业或体育分组活动时，同学们会瞒着老师，用各种借口不让她参与，或暗中排挤她。女儿经常为此而感到受伤和生气，因此隔离自己，不愿再与同学们有互动。在小学和中学刚开始的阶段里，女儿无疑是孤寂的，独来独往，没有任何玩伴或朋友，老师们成为她在校唯一可以交流的对象。

女儿的心智晚熟，很单纯、善良、耿直、坦率、不记仇、知足，乐于分享和助人。然而，每当她陷入情绪困境时，激动的她会变身成一头刁蛮的牛，横冲直撞，蛮不讲理地把情绪和矛头丢向我，而激动过后，可以长达一个月都处在自我封闭的状态中，令当时不懂得如何处理的我感到焦头烂额。

一边面对行动缓慢、情绪化、偏执，却又不是自闭症的女儿，一边面对先生和儿子对女儿与日俱增的反感，我非常心慌和无助。我特别用心地教育她，想要她可以掌握符合她年龄的各种生活技能，如绑紧鞋带、扣纽扣、使用剪刀、写字流畅、保持个人卫生等，期待她有所进步，以重获爸爸和哥哥的爱。然而，面对懒散、没有动力的她，我产生了很多的疑惑和不理解。我逐渐失去信心和耐心，开始对她严厉指责、怒骂，甚至羞辱和体罚她。

直到女儿11岁左右时，我无意中读到一位作家的专栏文章，其中有亚斯伯格症的资讯，发现女儿的种种症状完全符合亚斯伯格症，现在医学界改称轻微自闭症。当时一颗总是悬着的、不安的心，突然有种被认同和确定的感觉。然而，紧接而来的却是很深的内疚感，我对女儿的严厉和苛刻，让她有苦难言，承受了很多委屈和压力。

我带着愧疚感养育女儿，接下来面对的是更大的考验和难题，也是我生命力处于最低状态的一个生命阶段。因为想要弥补，对女儿更好，我把重点转向了先生和儿子。我极度渴望先生、儿子能像我一样无条件接纳女儿，让她得到应得的爱。因此，我做了许多拯救性质的工作，结果适得其反，导致一家人的关系陷入了更深的困境中。

儿子从女儿9岁过后，就不愿与她互动，甚至对她避而远之。儿子坦露，他尝试过接纳妹妹，然而一旦妹妹出现在他面前，他内心就会涌出无名之火，让他厌恶妹妹的靠近。我多次尝试去化解，却不得其门而入，渐渐地儿子不愿再和我谈论任何有关妹妹的话题。他认为我对他所说的话、所做的事，都带有一个目的，就是要他接纳妹妹。我总是站在妹妹的立场，要他去看妹妹的好和善良，要他体谅妹妹的不足，使他觉得他自己很可恶、不堪。儿子更指出，在我指责他不接纳妹妹的同时，我也无法接纳当下的他就是没办法去喜欢妹妹。此后，事情演变成，谈论女儿是我和儿子之间很避忌的话题。

另外，女儿一直都感受不到父亲的接纳和爱。父亲拒绝承认女儿的优点和进步，却放大女儿的缺点和不足。女儿的努力不被父亲看见，心里很失落、受伤、愤愤不平，甚至失去信心，因此情绪波动更大、更为情绪化。

我一直努力在尝试以适合的方式教养女儿，却一再遭到先生的打压和不认同。他认为我太溺爱女儿，将导致她未来无法独立。我也尝试了各种让先生能够接纳女儿的方式，导致先生内心焦虑和压抑，也因此更抗拒女儿。我始终不解为何先生不能学习接纳女儿，对先生有许多的不满和怨恨，而先生采取一贯超理智应对的姿态回应我。

同样的剧情一直持续上演着：情绪争斗、纠缠、防卫，大量地消耗彼此的生命能量，我们都感到疲惫不堪、沮丧不已。我尝试摆脱这种困境和模式，然而面对先生的超理智和防卫，我内在的心理营养严重不足，很轻易又陷入同样的情境中。沮丧、悲伤、失落、心力交瘁，不停地袭击着我，我经常呆坐在厕所内流眼泪，或到天台上遥望着星空失声痛哭。失去人生意义的我，思维经常四处飘游，无法集中，我感到绝望，并常进入一种麻木、抽离、生无可恋的状态，起了无数次想要带着女儿自我了断的念头。

山穷水尽疑无路，柳暗花明又一村。2013年，机缘巧合下，我踏入了萨提亚世界并有所学习。我意识到，若想跳脱困境，我必须摆脱拯救者和受害者的角色。林文采老师说，人类的五朵金花，需要用心理营养来喂养才能盛放。因此，我学以致用，在生活中实践萨提亚。

我时时刻刻都在学习当自己的优秀父母，无条件接纳自己的有限和不足；我学习放过自己，允许自己失败，相信自己已经在有限的能力内尽力做得最好了；我学习调整、放低甚至放下对自己和他人的期待，并为自己的期待和情绪负责任；当今天的自己，比昨天进步哪怕只有一分，我都具体地对自己说，我做到了什么，进步在哪里，然后肯定和欣赏自己；悲伤难过时，我会用手摸摸自己的头，抱抱自己的肩膀，静静地陪伴自己，体验悲伤让我的身体变得沉重、胸闷无力、呼吸困难，我与我的身体和情绪联结，用心地去感受我的情绪，学着接纳它们，并允许它们在体内流动。

我的内在就这样不知不觉开始茁壮、强大；自我联结一点一点地深入，再深入；一致性一点一点地进步、提升。渐渐地，我对自己在面对任何应对模式时，所出现的本能反应及防卫的内在历程，越来越了解，界限越来越清晰和坚定。即使当时家人的互动与应对模式尚无改变，但我被他们影响的程度越来越低。内在的进步和成长显示为外在的行为，就是期待放低了，防卫减少了，对待家人的心变柔软了，自然而然，我对他们多了份同理和接纳。我的家庭关系终于也起了变化，阻塞的关系慢慢疏通了。当我学会融会贯通，运用心理营养滋养自己后，自然也能够毫无难度地将心理营养提供给家人。

先生的超理智应对模式，容易引发我的防卫和情绪，造成沟通出现困难。因此，我运用书写方式，先去理解先生的冰山和渴望，认同和同理他的感受，然后再让先生了解我的冰山和渴望。当我拥有足够的安全感后，我学习与先生面对面做一致性沟通，我们的关系渐渐修复，甚至比以往更能够联结和亲密。先生得到滋养后，内心也开始柔和，也有了能力去滋养儿子，并尝试学习调整对女儿的期待，减少对女儿的批评。

我选择了放手、信任和陪伴的方式，与孩子们一起成长，我接纳了儿子无法接受自己的妹妹，选择相信独特的他在未来成长、成熟后，将会有所学习和领悟，而我只需在他成长过程中信任他、陪伴他、聆听他，提供给他足够的心理营养。对于女儿，我则必须先学会稳定自己，因此，当她无法应对或不能接受突变计划而对我大闹情绪，继而引发我的情绪时，我会一致性地要求她给我空间、时间，让我先离开去处理好自己的情绪，待我能够心平气和后，再来面对她的问题。长期的潜移默化之下，女儿也渐渐地有所学习。她摸清了界限，当她生气、激动时，会主动暂停沟通，选择待在房间内处理她自己的情绪，偶尔她会丢东西发泄，多数时候，她会选择涂鸦、吹口琴、阅读动漫，或发信息向关心她的老师诉苦。有时，她因对我不满而态度和语气冷漠、僵硬，我学习不评判、不指责、不超理智、不讨好，就像平时一样和她相处，然后默默地等待她几天，让她自然恢复开朗、活泼、多话的性情。我的温和而坚定，让女儿慢慢学会了为自己的情绪负责，减少了对我的情绪勒索，或要我为她的情绪买单。

带着孩子去体验背包旅游，是我想要去完成的梦想，但因为家庭的阻碍，我一直没有能量去实现。当我的内在得到滋养，并逐渐强大后，我终于有了勇气去策划一家人的背包穷游。即使在旅途中，先生和儿子对待女儿的态度冷漠，让我感到难受和伤感，但我依然坚持每年进行一次这样的旅游仪式，我期待的是，往后一家四口能拥有共同经历和体验的生命回忆。女儿是个严守生活规条的女生，我陪伴她按部就班、循规蹈矩地遵守她认定的非得遵守的规则，打破常规或突发状况会让她感到烦躁和焦虑不安。

背包旅游的种种经历、体验之收获，超乎我的想象，对女儿的自闭状况和感统失调改善很大，不只开阔了她的思维，也疏通了她情感和感受方面的障碍，激发了她对自己的新的感受和认识。比如，在土耳其，她目睹和接触了叙利亚难民的凄凉处境，她联结到了同理心；在尼泊尔，因任性擅自下山导致迷路，她与我们失散了，难以开口向人求救，却遇见一群陌生但善良的村民自动过来慰问，并给予她协助与保护，她联结到了感动。除此之外，多次接触匪夷所思的印度文化，让她发现原来在日常生活中即使不按照规条行事，人们还是一样可以活得好和妙。此外，旅途中常常会遇到突发状况，结果不如预期时，大家都得学习如何从逆境、狼狈中，去面对、接受、处理和解决问题，以及如何调整心态去适应不同的环境和生活文化，女儿因此而变得敢于尝试新事物和与他人相处。

　　女儿分别在初一和初三时，遇到了两位能够无条件接纳她，非常耐心地陪伴她，并愿意聆听她的男性老师。初三开始，女儿勇于学习一致性，表达自己的内在和想法，并在男老师的引导和鼓励下，愿意再次尝试融入同学圈子，终于被同学们接纳加入小组活动，也有了两三位可以与她交谈和偶尔作伴的同学。有了这两位男性重要他人的滋养，女儿在校虽然难以交到朋友，但总结在新加坡四年的中学生活，她觉得自己是快乐的。女儿于2019年中学毕业后，主动写了一封信给校长，诚恳地表达了她中学时期所面对的障碍和问题，并具体地给予提议，期望校方可以做出改进，以帮助后续的自闭症学生，让他们也可以拥有一个快乐的中学生涯。

　　目前，我的家庭关系虽仍有进步的空间，但儿子、先生和女儿也终于有了少量的互动。女儿16岁生日的早晨，儿子敲敲门并隔着房门对女儿说了一声"生日快乐"，让刚睡醒的女儿当时以为自己还在睡梦中，难以置信。儿子终于愿意破冰而出，开口对女儿说了7年以来的第一句话，我顿时感觉整颗心充满温暖、满足的感动。此外，先生对女儿的接纳也在改善中，他已把期待降低，不再在语言上做批评，但较少与女儿沟通或互动。女儿如今已能了解父亲的冰山，她对父亲无法发挥父亲的功能给予很大的谅解，也接纳他们的父女关系目前只能是处在这种阶段。女儿对父亲的爱和同理心让我很感动，也庆幸自己及时学习和成长，让女儿能够在无条件的爱中成长，让她也有能力去爱他人。女儿各方面的能力都在持续进步、提升，如今的她变得独立，懂得把自己照顾好，了解社交互动的基本规律，学会设置界限，并能为自己的选择负责任。

约翰·班曼（John Banman）说过一段话，"当我能自己滋养自己，我也可以源源不绝地拥有能量，去滋养家人，甚至外人。我们让自己先成为光，给予身边的人心理营养，影响他们，提高他们的自我价值，让他们也学习爱自己、爱别人，让他们也成为光，去照亮其他的人。"

这成了我一生学习的目标，并用它来帮助患有轻微自闭症的女儿。现在，她生命中的五朵金花也在缓慢地发芽、盛开，持续发光、发亮！

林文采老师点评：

一、这是一个比较特殊的个案，是一个亚斯伯格症或者说轻微自闭症的个案。这个孩子最危险的是，因为社会功能没法发展，导致在家里、学校都被排斥。在这样的情况之下，孩子就没法从与人的联结中，去获得她所需要的心理营养。幸好妈妈，作为她的重要他人，在孩子11岁时，终于明白了孩子的情况。

二、妈妈其实是先开始给自己做心理营养，接纳自己，特别是接纳自己所有的情绪，接纳自己的喜怒哀乐。这一点是很重要的。妈妈能够允许自己有情绪，也能自由地表达情绪，这对此类孩子非常重要。孩子需要知道，情绪是身体的一部分，没有对错，它真实地反映了自己当下的状态。妈妈接纳了自己，才能变成一个在生活中有温度的人，接下来就能更好地接纳自己的丈夫了。

三、面对一个轻微自闭症的孩子，她的社会功能和她的年龄不相匹配，要一点一点地追上来是很困难的，此时能得到丈夫的支持很重要。但是，妻子面对冷静型的丈夫，必须先对丈夫做心理营养才行。最基本的就是不指责，多感谢是最有用的。冷静型的丈夫必须觉得很安全，才会配合你。妻子要做的就是绝对不指责，少说多倾听就可以了。大家看到的是，当夫妻关系改善后，女儿才能顺利吸收心理营养。

四、对患有轻微自闭症的孩子来说，除心理营养外，很重要的就是感官统整的训练。对于小孩子来说，就是让他玩各种各样的游戏，不断刺激他的五官，让他的感觉可以恢复。而对于已经长大的孩子，作者就安排了全家的背包旅游。试过的人都知道，安排全家旅游是很不容易的一件事，但由于作者的坚持，终于促使孩子的感觉恢复，并取得社会化的大进步。

五、我深深了解整个过程的困难，很欣慰作者终于尝到了甜美的果实。

关系在前，肯定在后

余 欢

> 照顾两个孩子、社会性的教育焦虑、爱的抱抱、真心欣赏孩子、尽量陪伴孩子、理解和宽容

与林老师的缘分，可以追溯到2017年我买了她的著作《心理营养》，就这样，我与林老师精神相遇了。看到林老师的名言"如果你养孩子养到披头散发，那一定是你的方法不对"，我的脑海中立刻出现了很形象的场景，我哑然失笑。是的，我们作为父母，无疑是非常疼爱孩子的，但养孩子毕竟不只是让孩子吃饱穿暖就可以了。我们总是遇到很多孩子给我们的挑战，时常失控、吼叫，然后又会自责、后悔。林老师会有什么样的方法教给我呢？我带着这份好奇，读完了这本书。此后，我又在网上买了林老师的育儿课程和自我营养课程，同时也参加了林老师2019年在北京举行的线下课程，以及萨提亚Level1（第一阶段）的课程。就这样，

我与林老师和心理营养育儿法结下了不解之缘。

从2016年至今，我遇到了很多挑战，家庭出现了重大变化。我家的第二个孩子出生了，老大上小学一年级，孩子爸爸转岗到一个加班特别多的职位，基本不能照顾家。我每天下班回家，要照顾婴儿，还需要辅导哥哥做功课。我家的常态是，每天我抱着妹妹，给哥哥辅导作业。小婴儿夜间需要我照顾，我的睡眠质量很受影响。辅导哥哥做功课，也是一种高强度的脑力劳动，我不仅身体疲劳，而且情绪也出了问题。当时，整个家庭系统处于非常艰难的境地，家里的成人都承担着很大的压力，基本诉求就是家庭的日常运转能够正常地进行下去。养孩子的道理我都懂，但经常对孩子失去耐心，言语上也经常伤害孩子，对孩子很少认可和鼓励，眼里看到的都是孩子做得不好的地方。即使孩子取得了进步，我也认为那种程度不值一提。天天下班后，因为做作业的事情，经常对儿子疾言厉色，提高嗓门呵斥。

我虽然学了心理营养，但这个阶段我对孩子和对自己，都没有好好地运用心理营养的理念和方法。我对孩子做心理营养做得好，还是近期的事情。

在儿子小的时候，我真的是做到了无条件接纳，有着无比的耐心。但孩子长大之后，尤其是上学后，学习成绩达不到父母的期待，亲子关系开始变得严峻起来。一般周末，我都尽量在家陪孩子，或者进行一些家庭亲子活动。我记得某个周末，我在家里自言自语"我要不要出门锻炼一下呢"，我这么说，是因为我内心在纠结，我认为作为一个疼爱孩子的母亲，周末我理应在家陪伴孩子。没承想，儿子听到这句话，答道："妈妈你还是出去锻炼吧，省得在家发脾气。"我听完儿子的话，第一个感觉是痛心。我们才做了9年的母子，我与孩子的关系就已经到了这个地步。**我一方面爱孩子，为孩子和家庭奉献操劳；另一方面在家里扮演指责者，批评指责把儿子推离我。**虽然我爱孩子，但我做的事情与我的初心是背道而驰的。儿子的那句话，像一个触发器，让我感觉到，我必须改变自己。

一、内省，坚定改变的决心

我问自己，到底对儿子哪里不满意，想来想去，是学习成绩。我没法接受，我的儿子学习成绩不够优秀，他在别的方面也有做得好的地方，但我更多地看到他学习成绩不能满足父母的期待。再往深探究，作为母亲，我很焦虑。我和孩子爸爸是同学，研究生毕业后定居北京，买了房和车，是很典型的靠个人奋斗在北京立足的"第一代北京人"。我认为我不能给孩子提供更好的物质环境了，孩子一切都要靠自己。而上一个好的大学，接受好的教育，是他将来能够过上更好生活的保证。所以，当孩子学习成绩不够好时，我真的很焦虑，我担心他将来过得比他的母亲还要差。是的，我总是对自己不接纳，不满意，这是我自己需要解决的问题。我无法接纳孩子，不接纳他的学习成绩，不接纳他这个人。

孩子的学习成绩不能令人满意，的确是个事实，但他还是那个被我一手带大、母乳喂养到2岁的孩子。我扪心自问，难道学习成绩不够理想的孩子，就不配得到家长的爱吗？我被这个问题深深地触动了，我翻看孩子小时候的相册，他那么可爱，我是那么爱他。我意识到，我被自己的焦虑蒙蔽了双眼，同时我被裹挟在社会性教育焦虑中。这些让我忽视了一个最基本的，而且是最重要的因素，也就是林老师一直强调的"关系"。我这样一直指责和批评孩子，说伤害孩子的话，甚至打过孩子，这些都在破坏与孩子的关系。孩子不会信赖和亲近这样的母亲，再这样下去，将来母亲也很难再去教导孩子了。

我是个行动派，下定决心之后，我计划做些什么。

二、行动起来，给孩子做心理营养

1. 爱的表白和爱的抱抱

家里的第二个孩子是女孩，刚刚3岁。从她出生起，我经常对她说"妈妈很爱你"这样的爱的语言，经常会抱抱她。每当她学到新的技能，取得小的进步，我都会及时给予鼓励和认可，跟她一起庆祝她的进步。

我决定暂时不在意孩子的成绩，效仿对女儿的做法，天天跟儿子说"妈妈很爱你"这样的爱的语言，有机会就去拥抱他。每天一早，我就出门上班了。在公司工作的间隙，我会抽空给孩子打个电话，简单地聊几句，挂掉电话前，我会记得说一声"妈妈爱你哦"。

一开始，孩子基本不回应我爱的表白，我去拥抱他，他的肢体也表现得僵硬和不自然，有种应付了事的感觉。我没有因为孩子的不适应而放弃，坚持每天跟孩子说爱他，每天拥抱他。慢慢地，孩子也开始回应我，说"妈妈，我也爱你"，肢体从抗拒到半推半就，再到积极地带着情感拥抱我。有时候，我在家里忙碌着，儿子会走过来对我说："妈妈，爱你哦。"我感受到了这些变化，这带给我欣喜。而我内心深处，也逐渐涌现出对儿子浓浓的母爱，就像他还是婴儿时期那样，浓得化不开的母爱。同时，我也感受到，孩子开始喜欢和亲近他的这个"新妈妈"了。

这样公开表达爱和拥抱彼此的做法，也许在很多传统的中国家庭中比较少见。但我坚持这么做了，没有哪位家庭成员觉得不舒服，或者认为不恰当。实际上，只要是带着爱去表达和适当地肢体接触，这样的做法无疑是增加家庭成员之间的情感联结的。所以，带着对孩子最真诚的爱意，大胆地向孩子表达吧。

2. 鼓励和认可孩子

儿子不止一次在家里边哭边说:"你们总是批评我。"他提到的"你们",当然是指我和他爸爸。我特意留心丈夫跟儿子的沟通方式,几乎全都是批评和指责,比如"你怎么总是……""跟你说了多少次了""我数1、2、3,你再不……我就要打人了",等等,我想我自己大概也是一样的。我单独跟丈夫沟通,我们一起减少对儿子的批评指责,不说伤害儿子的话,不做破坏亲子关系的事,一起践行林老师讲到的"三个不做、只做一个"。

鼓励和认可孩子,说简单就很简单,看上去只是动动嘴皮子的事情。说难也很难,毕竟我们以前习惯了通过批评指责孩子,以求孩子取得进步。现在,需要我们转换视角,将关注点放到孩子做得好的地方,哪怕取得小小的进步,也要及时肯定和认可。

比如,儿子总和小他6岁的妹妹发生冲突,我教他不能直接从妹妹手里抢夺东西,而是需要跟妹妹沟通,征求妹妹的意见,比如"能否将这个玩具给我玩一会儿",但儿子很少能这么做,仍是直接抢夺,时常惹得妹妹哭闹。偶尔有一次,儿子真的做到了去跟妹妹沟通。我看到这一幕,马上说:"妈妈看到你按照妈妈教你的办法,去跟妹妹沟通玩具的事情,你做得很好。"简单的一句话后,我看得出儿子脸上露出欣喜的表情,还有一丝丝懵懂的得意之色。那是得到鼓励和认可之后，儿子特有的表情。

儿子数学成绩不理想，拿回家的卷子错误比较多，我没有像往常一样斥责他。我看完儿子的试卷，保持温和的语气和积极的态度跟儿子交流，尽量找出他的优点。比如，"你看，你的整个卷面书写特别整洁和规范，让人看了很舒服，我相信老师也是这个感觉。"再如，"应用题的解答步骤很完整，计算准确，计算单位和作答都没忘记，这说明你很仔细。"

儿子外出游泳，游了2300米，回家跟我分享。我知道儿子很期待得到我的认可，我很兴奋地回应他，"耶……你太厉害了！你比妈妈游得好，我要向你学习。"

儿子主动把家里的书桌收拾得很整洁，我会坐到书桌前，由衷地对儿子说："坐到你收拾整洁的书桌前，心情特别好。看得出你花了一些时间来整理，你重视整洁，这一点跟妈妈很像。"

儿子美术比赛获奖了。我不是那种喜欢天天在社交平台晒孩子的母亲，但这一次，我精心编辑了一小段话，配上儿子的证书和奖牌，发了一条朋友圈，文字的结尾是，"你是妈妈心中最棒的小男孩"。孩子看到我的文字和那么多叔叔阿姨对他的认可和鼓励，感觉自己充满了能量。

我读过很多育儿书，我知道认可孩子，不能只是脱口而出一句"你真棒"，需要更加具体和真实。我甚至还想过，要去学习和积累一些对孩子进行认可和鼓励的"话术"。但现在,我对此理解得更透彻。对孩子的认可,不是对他的吹捧和空虚的赞美,而是要发自内心地去欣赏孩子,去认可孩子一些具体的行为和品格。这是最根本的要点,父母的用词是不是华丽和丰富,反而都不重要。重要的是,我们用最朴实的语言,传递的是对孩子最真实的爱。懂得了这个道理,我发现践行心理营养育儿法的方式有很多,家长开动脑筋,花式认可和鼓励孩子不是难事。

3. 陪伴,给孩子专属时间

因为家里有两个孩子,年纪小的孩子,会自然得到我平时更多的陪伴。我的时间和精力是有限的,而且我还在做全职工作。我想了一些办法,给哥哥更多的陪伴。

比如暑假,我单独带着哥哥,开启了我们两个人的旅行。一周的独处时间,对我们而言都很珍贵。那几天,我和儿子都很快乐。有适合小朋友看的电影,我会买好票,陪儿子一起去看。有儿子喜欢吃的餐厅,我会特别安排时间,单独带他去吃。他的课外班需要接送,我很难每次都陪他,但会尽量抽时间安排几次接送,来回的路上,也是很好的与孩子一对一相处的时间。

如果哪天妹妹睡得早,而他还没睡着,我会到他的房间陪陪他,一起聊聊天,给他讲他还是个婴儿时的事情,或者就像他小时候那样,轻轻地搂着他,陪着他躺一会儿。

9岁的孩子不像低龄的婴幼儿，已经不需要母亲那么多的陪伴。但我知道，他还需要母亲的专属时间，我会尽力安排好陪伴他的时间。孩子成长得很快，慢慢地他会有更多的朋友，需要父母的时间会越来越少，我会珍惜这段被需要的时光。

　　坚持给儿子做心理营养之后，我和儿子的关系自然而然地变得亲密起来，儿子对此也有感觉，觉得跟妈妈的关系变好了。孩子姥姥说，觉得孩子最近突然长大了，懂事了，情绪变好了，在家很少发脾气了。我笑着对孩子姥姥说："我感觉我和他爸爸对儿子减少了批评指责后，儿子变得快乐了，所以情绪变好了。"

　　在改善了亲子关系后，我很心疼儿子，能够站在儿子的角度看问题了。儿子成绩不突出，在学校的日子不会好过，他有压力，这是显而易见的。如果在家里得到的也是批评指责，那儿子的生存环境真的很不友好。等再长大一些，能力强了，他也许会离开这个家。家里都是批评指责，他还会爱这个家吗？还会爱父母吗？将来外面有人对他认可、接纳，他就会投入外面的关系里，而不管外面的朋友是不是正经人。无论儿子将来学习是不是优秀，我都会接纳他，爱他。希望我和他爸爸做一对有爱的父母，能让他感受到家和父母的爱。无论长到多大，他眼里的家都是温暖的，父母的爱都是有温度的，而不是包裹在批评指责里面的"中国式"的爱。他成年后，不会记恨父母，不需要借助咨询师帮他看到那一抹爱的光芒。

我和孩子都是幸运的，因为我们遇到了林老师，得到了林老师的教导和指引。未来，作为母亲，我要致力于跟丈夫建立和谐的亲密关系，跟孩子们建立温馨的亲子关系，用良好的亲子关系和爱，把孩子留在家里，把孩子的心留在家里。给孩子做心理营养，我们还要继续下去，要把这种模式变成我们为人父母的日常行为。

林文采老师点评：

一、这是一个很典型的案例，亲子关系的问题很明显来源于对孩子学业的要求，特别是父母小时候成绩很好，很难理解为什么孩子做不到，总认为是孩子的问题。最后，孩子越来越叛逆，父母就会感到很挫败、很愤怒。一般来说，当发现孩子叛逆时，父母首先要做的就是：

1. 停止大喊大叫；
2. 停止唠唠叨叨。

如果不能停止，孩子的叛逆一定会越来越严重。大喊大叫、唠唠叨叨这两个方法，父母常常使用，但是已经证明无效，为什么还不放弃呢？

二、大家看看，文中的妈妈发现不对路时，她做了什么？她是先建立关系，主动用身体接触和孩子表达亲密，又用语言一次次地告诉孩子：妈妈爱你。孩子开始是抗拒的，但慢慢也回应了妈妈：妈妈，我也爱你。

三、停止喊叫、唠叨，在改善关系的同时，最有效的心理营养，就是每天要告诉孩子他的优点一次。这一点在文章中有详细的描述，而最重要的是真心实意。我再把要点简述一下：

1. 必须换一副看到孩子优点的眼镜。以前，父母只看到孩子还没做的，现在能先看到他已经做到的。例如，孩子考了70分，成绩没达到你的要求，但是你是否看到他在练习，他每天都把作业做好了呢？看考卷不要只看没答对的，去看看那些答对的，问问孩子，你怎么会做这题呢？

2. 肯定孩子时，用的句子一定要具体，不说抽象的词汇，比如善良、有才华，或是很棒这种形容词，要改成，"孩子，你在公交车上看到一个老人，想到老人可能会站不稳，马上站起来让位，这是善良。""孩子，你每天自己配搭自己穿的衣服，颜色看上去总是这么舒服，真是很有美感，真有才华。""孩子，虽然你没有完成这个要求，但是妈妈看到你试了又试，试了无数遍，你真是一个很有意志力的孩子。"

3. "对孩子的认可，不是对他的吹捧和空虚的赞美，而是要发自内心地去欣赏孩子，去认可孩子一些具体的行为和品格。这是最根本的要点，父母的用词是不是华丽和丰富，反而不重要。重要的是，我们要用最朴实的语言，传递对孩子最真实的爱。懂得了这个道理，我发现践行心理营养育儿法的方式有很多，家长开动脑筋，花式认可和鼓励孩子不是难事。"这是文中妈妈的体会，我觉得需要特别地指出：真心实意，在肯定孩子时很重要。孩子的眼睛都是雪亮的，孩子不可欺，你想对他使用套路，是没有可能的。

4.当你肯定了孩子以后，不要再加期待、希望这样的词汇。对已经做到的，给予肯定才是肯定，讲未来的全部是期待，不是肯定。

例如：孩子，你这次考试进步了，真棒，妈妈看到你在努力。（这是肯定。）

孩子，你这次考试进步了，真棒，下次考试要更加努力哦。（这就不是肯定了，最多叫作鼓励，是没有给予心理营养的。）

孩子，我相信你这么聪明，一定能考到前三名。（不是肯定。）

孩子，你这么棒，一定能考上重点大学。（不是肯定。）

四、最后想提醒的是，妈妈唠叨，爸爸在家里没有地位，孩子特别容易叛逆。或者爸爸太强势，妈妈懦弱，孩子相对也容易叛逆。

都是我儿子干的

王　炜

> 孩子情绪化、工作界限不清而受干扰、尊重孩子的选择、感谢孩子的帮助、划清界限

"儿子办喜事，没见你多忙啊，王老师？"

办完儿子的婚礼，为单位的100多位同事发了喜糖。每每见到同事，大家都会这样说。是啊，操办喜事，在我们这里确实有很多事要做：制订亲戚、朋友名单，并按辈分分好桌位；预订酒店、婚宴；拍婚纱照，预订婚纱、礼服；下聘礼；订购烟、酒、糖、茶；租婚车，请婚礼司仪；订购鞭炮；等等，各种细节着实挺多。可是我怎么没有那么忙呢？操办喜事，我到底干了什么？

仔细想想，我做的事情可能就是两件吧。一是跟老公把亲戚、朋友的名单列了出来，二是把仪式当天每一个细节做了明确的分工。其他诸事，都是我儿子利用休息日完成的。

所以，当有同事这么问我的时候，我都会骄傲地说："都是我儿子干的！"

于是，好多人啧啧称赞，艳羡王老师有个好儿子。其实，只有我自己知道2015年至2018年年初，我儿子是什么样子的。

儿子2015年本科毕业，顺利通过省考，参加了工作。工作伊始，每每回到家，儿子非常情绪化，有时激动，有时义愤填膺，时常嫌这嫌那，埋怨命运不公。最糟糕的是，他常常会在晨起或半夜时流鼻血。看到儿子的样子，我的心疼溢于言表！可除讲道理之外，我无计可施！我束手无策！这对于一个妈妈来说，是多么悲催的事情！

于是，我四处学习……

2018年5月，我很荣幸地参加了林文采老师的亲子关系工作坊。第一天上课，就被林老师给震惊了……

震惊之一是，林老师所讲的沟通五层次、五个圆环，参透沟通。我因此知道自己输在了感受上，因为在家里，讲道理是我的长项，而且自以为讲得"又深又透"，足以让儿子快乐成长！殊不知，在越来越多的道理灌输中，儿子回家后话说得越来越少，甚至在我对他讲道理的时候会大吼大叫！这无疑会戳痛我的心窝子！我明白，是我的道理让儿子离我越来越远了！

震惊之二是，在第一天上课的茶歇时间，我记得很清楚的是，林老师说了这样的一句话，"想跟大家说一下，接下来的15分钟茶歇时间，我不接受咨询，不接受任何照相邀请，不想被人打扰，我想用这短短的时间休息休息。"哇！我50岁了，头一次听到有人竟然说出这样的话！听起来让人觉得生硬，让人觉得有距离！随后，我静静地观察，发现这15分钟真的没有人去打扰老师，老师休息得还挺不错！只见林老师在那看看手机、翻翻东西、签签名。哦！我恍然大悟——原来人和人的相处是可以这样的呀：你说出你的感觉、需要，大家是可以非常理解你，并愿意支持你的。

之所以这样震惊，是因为我时常因为界限不清而受干扰。之前，我在学校里分管一些工作，时常两个部门有交叉。这时，领导会把一些工作推给我，我虽有意见，但拒绝的话说不出口。接下这些工作就意味着要多付出，就意味着要加班加点，就意味着当上级来检查时，会因为没有那么了解，出现一些纰漏，多出了力还落了不是。

我真切地感受到自己其实也渴望如林老师那样轻松、自如。于是，在此后的日子里，我也渐渐开始明确地表达自己的需求和感受：我分管的工作当中没有的，无论怎样检查，我都不参与这项工作的任何准备。如果有需要我帮忙的地方，请明确提出来，哪怕仅有一点点时间，我也一定会帮助。

当我这样表达时，令人惊喜的事情发生了，学校竟然也没有人逼着我去干与我主管工作不太相干的事情，于是我集中精力准备检查所需要的材料,结果受到了上级的各种称赞!最主要的是,自己心头那种沉重的感觉,终于卸下了。这样的感觉好爽啊!

震惊之三是,林老师讲到,只要给足了心理营养,孩子生命的五朵金花就会绽放。林老师还讲到了怎样给孩子做心理营养。对照我家的教育,我除给孩子讲道理之外,少有肯定和认同,常常批评和要求。我懂了,其实是自己没有给足孩子充分的心理营养。听课的当时,我泪流满面,后悔没有早早来上林老师的课。

溯本求源,当我找到症结所在时,既心疼,又欣喜:疼的是,作为一位妈妈,没有给孩子最需要的心理营养;喜的是,命运眷顾,让我在迷惘时,获得重生,遇见林老师,我可以很好地给我儿子做足心理营养。我的做法是:

一、尊重、信任、感谢

我家装修房子,可谓是大事了。在2018年9月之前,我只是订好了一个框架,其后的事宜都是儿子在操办。比如选橱柜、衣柜、门窗、窗帘、家具等,都是儿子在做。

当儿子回家跟我讨论他的想法时,我首先选择做儿子的忠实粉丝,只是静静地听,听完之后,我说得最多的就是,"有想法,好主意,就按你想的去做吧!"偶尔,我会说说我的想法,之后问:"儿子,你看怎么样?你怎么选?"

因为学习,我常常要外出,当我外出要回家时,儿子总是问我:"妈,你什么时候回来,我去接你。"有几次回到家,已是半夜。每次坐到儿子的车上,我总会先表达我的感谢,"有儿子真好,我有了强大的后盾,没有一点后顾之忧。谢谢儿子!"

二、肯定、赞美、认同

好多事情,孩子用心做过的,我都会给以肯定、赞美、认同。有时当面直接表达;有时见不到儿子,我会打个电话,传达我的欣赏;有时,觉得不够充分,就干脆发到儿子的微信里。今天,在写这篇文章时,我翻看给儿子的微信,哇!我给儿子的肯定,一篇接着一篇。

2019年11月,我妈妈回老家去看望村里的一个老朋友时,因为心脏供血不足,引发眩晕,摔倒了。老公和儿子第一时间将妈妈送进医院!我感动不已,给儿子的微信发文赞美:

儿子,两个谢谢!

第一个谢谢。姥姥回家的那天,妈妈有好多材料要整理,恨不得自己身上全部是手,所以早出晚归,中午要加班加点。姥姥回老家了,妈妈提心吊胆的,因为姥姥连续两三年都是在这个季节里身体出现问题,再加上那两天天气比较冷，我怕姥姥回家之后感冒，可是由于忙于市里的检查，没有时间接她，所以操心哪。

好在有你在，好在我给你打电话的时候，你痛快地就把这个事情给接下来了，那时，我释然了，觉得我总算可以埋下头去把事情做完。

第二个谢谢。昨天姥姥摔倒以后，是你同爸爸一起把姥姥安顿好了。妈妈当时特别紧张和慌张，心里不断地打鼓，但看到你笃定的样子，突然就觉得有了希望。也突然觉得，我儿子原本就是个很有责任心的人，当有事情发生的时候，会挺身而出。没有废话，着手解决事情的就是我儿子。

当接到你的电话，听到你说"妈，你先忙你的，我姥姥没事了"时，突然觉得那种被重视的感受好喜欢，那个时候，上级领导已到学校检查，妈妈确实是着急的，因为不能给学校耽误了事儿呀，那可是老师们准备了一周多的心血哪。所以，我的着急是溢于言表的，那个时候听你说"我和爸爸在这儿"，我突然泪崩了，其实我什么也不用担心，因为有我儿子在。

所以两个谢谢，每一个谢谢都包含着老妈的好多感动。

三、慢慢地学会了确定界限

2019年12月10日，我儿子、儿媳去西安度蜜月，晚8点左右，亲家打来电话，"怎么我姑娘在电话里哭了，打你儿子的电话也没接,是不是他们吵架了?"亲家这样的电话,我懂,亲家是在心疼姑娘,她是想让我再次打电话给儿子,确认两个年轻人有没有闹矛盾,如若有矛盾,让我说说儿子。可我有点不情愿,心想:无论如何,毕竟刚结婚,让孩子们自己去磨合磨合也好。当然,我深知儿子的善良,但又碍于亲家的电话,一点不理人家也不好。一直思来想去,大约一个小时之后,我接到了儿媳的微信,说他们挺好的,只是到西安有点不舒服。于是,我先给亲家微信留了言,并在家庭群里留言:

孩子们啊,你们好吧?

今天,我们不知道你们发生什么事情了,大事还是小事?我们非常非常担心。若近一点还好,我们能看到你们,可是那么远,我们实在是无能为力,鞭长莫及。我们能做的只是干着急。

好在你们在不太长的时间里给了我们一个确认的回信,让我们长出了一口气,也算能够心安一点了。

孩子们,我知道你们是孝顺的,是善良的,所以很放心你们。请你们梳理好自己,让自己有一个好心情。

好好抓紧宝贵的时间,好好玩。机不可失,失不再来!

学习林老师的心理营养不过一年半,儿子能够理性地表达自己对事情的看法，并检索自己的不足。他实现了在工作单位的脱颖而出：五四青年节随笔比赛，获得了全市一等奖；用了一个半月的时间，接手、整理了单位积压了三年多的材料；考过了几个专业的证书。

在生活中，他更是一枚暖男。当我学习后回家时，儿子经常会暖暖地问："老妈，好久不见，辛苦了，抱抱？"现在，我虽因新冠肺炎疫情宅在家中，但会时时收到儿子的微信，"今天吃啥了？要在家里宅住了哈！"每每想到此，我顿感温暖！

林文采老师点评：

一、这是一篇很温暖的文章。妈妈的放手和信任，是让孩子快速成长的要素。我们常常看到的事实就是：当妈妈只负责自己界限内的事情时，孩子也会负责自己该负责的，这样一来，关系就自在了，轻松了。每个人只负责自己的那块，就会觉得轻松惬意。当然，在能力范围内，也可以互相帮忙。这就是我们所说的，建立各自的界限感。那么，怎么去培养孩子的界限感呢？

二、我建议，在孩子大约3岁的时候，就要让他知道有些东西父母不能满足他。基本上，在孩子3岁之前，凡是孩子在天性上的需求，比如爱，比如抱抱，我们都会满足他的，因为这个时候的孩子完全跟着需求来表达，不会有过分的要求。在孩子3岁以后，对于他在物质上的需求，我们要适当地说"不"，比如，他已经有很多玩具车了，但是还一定要你买，你不买，他就在地上打滚撒泼。在这样的情况下，父母一定要懂得温和坚持地说"不"。让孩子知道你的需求是你的，别人没有义务一定要满足你的需求。如果你很想要，可以尝试好好地说，但是如果撒泼，就一定没有。孩子必须从生活中学习什么是界限。关于界限，有几点需要家长明确：

1. 每个人的界限都不一样。所以，我是根据自己的能力来做事的。对别人的要求，如果可以做、愿意做，就高高兴兴地去做；如果不能做，我就温和坚定地拒绝。所以，一个有界限的人，必然是一个了解自己的人，他知道自己的有限，知道自己的意愿。做了不后悔，不做也不内疚。

2. 在和孩子相处时，父母要清楚地告诉孩子，自己的界限是什么，不能期待孩子自己明白。当孩子过了界限的时候，就坚定地说"不"。

3. 同样地，我们也要尊重孩子的界限。当孩子告诉我们，他不喜欢、不愿意的时候，我们必须尊重他对自己的事情的感受。要把孩子说的"不"好好地听进去。关系必然是互动的，不能只用父母的威严去压迫孩子。

当亲子关系能互相尊重彼此的界限时，你会发现，彼此都能相处得很惬意。

我只是渴望被看到

武 静

> 令人头疼的班级、讲义气的孩子、孩子们的"贪心"、想做好和能做好之间的距离、老师是学生的养料、90句赞美孩子的话

这届初二3班中,有一些赫赫有名的孩子,令人头疼不已,状况百出。学校临时安排我代一段时间的课,见他们之前,心里有100种的假设,这会是怎样的一些孩子?会留给我怎样的难题?心中有一种感觉,我要见到一些充满渴望的孩子。在我学习萨提亚许久之后,会有怎样的结果?会和以往不同吗?

初次见面,是在上课10分钟以后,学生们稀稀拉拉地进来。走在后面的孩子,穿着和发型都很不寻常,我知道,就是他们!

开篇我很坦诚:"听说3班是一个很与众不同的班级,

见了面我才知道，那是因为你们都很有个性！""老师，是呢！"孩子们的表情从一开始的不屑，一下子变成了一种满足，争相大喊，并且把目光投向了我。

小傅，一个长出了粗粗拉拉的小胡子、个子不高的男孩，坐在学生中，一看就知道不好交流。他基本不和我的眼光对视。

小斌，长得白白净净，五官很端正，在座位上，基本无法静坐5分钟以上！话很多，很机灵！

这两个小家伙在最开始的时间，就用行动让我对他们格外地关注！

"在我曾经带过的学生中，我和淘气的孩子的关系是最好的。知道为什么吗？因为他们都很讲义气！"

这时，我看到这两个孩子和几个男孩的表情中闪过一种惊喜，看我的眼神也柔和了许多！

我和他们聊我的心愿，希望我的课能成为他们在学校生活中的一段愉快时光。我给他们听了一些好听的歌，看着孩子们兴奋的样子，我心里很好奇，他们会怎样对待我呢？

第二周上课时，孩子们陆续都来了，没有了第一次的疲惫和不情愿，那几个有个性的小家伙也都到了！小傅还主动帮我发书，我看着他，很开心，这个小家伙和我的联结已经建立了。

"谢谢小傅，我看到你在帮我发书。"这个男孩居然回应了我一个羞涩的笑容。课堂纪律还是有些乱，我做了一些调整，让他坐在了离我最近的位置。原本他坐在很靠后的位置，并且基本在同桌男孩的身上靠着，现在坐得很端正。我有些感动，调皮的孩子能够做到这样，是用了很大的意志力的，这对于他来说很不容易。

"我看到班上的同学很快就到位了，谢谢你们，我知道你们这样做，是因为你们很尊重我，我感受到了。所以，孩子们，谢谢！"我很快乐，也很疲惫。孩子们想做好和能做好之间，是有距离的。对于孩子们出现的小状况，要给予善意和关怀的提醒。小斌好动而多言，我看着他说："小斌，我看到今天你按时来上课，并且手中拿着书，我收到你对我的尊重了，试着先安静5分钟好吗？"这个孩子，回报了我一个极认真的眼神，认真地点了点头，之后就好了很多。对于他偶尔的多嘴，我回应的是理解而信任的微笑，他居然就没有再表现得过分，一直很好。下课时，小斌居然帮我收课本，这个孩子也愿意表达他对我的信任！

林老师说过：孩子要的其实一点都不多，他们不贪心！我才给他们上了两节课，这两个孩子就把最大的信任给予了我！仅仅是因为我给了他们多一点的关注和接纳，他们就真心地愿意把尽可能好的一面展现给我，这就是孩子！纯真的孩子！

"同学们，你们觉得小傅这节课的表现是不是进步很大？（学生大喊：是）这样是很不容易的，那你们愿意送给他掌声吗？"热烈的掌声中，这个男孩居然害羞地低下了头。下课时，我留下了他。

我：小傅，谢谢你愿意表现得这么好，我知道这很不容易，我想每节课都看到你，行吗？

他低着头，点头！

我：能告诉我，你为什么会表现这么好吗？

他：因为我上节课挨打了！所以学乖了一点，不是，是上周挨的打！

我：什么课？为什么会这样？

他：我逗老师玩呢，然后老师生气了。

我：打哪里了？

他：没事，老师，不疼！

我：怎么能不疼呢！我看看！

小傅这时抬起头，看着我说："老师，真的不疼，没感觉！"

我的眼眶一下子就湿润了！不知道从什么时候起，他开始挨打了，他已经习惯了把自己保护起来。那个老师是个很严厉的男老师，下手怎么会轻？我很心疼。

"小傅，答应老师一件事，保护好自己，不冲动，不受伤，行吗？"

小傅说："老师，那要是有人打我，我能打他不？"

我说:"要是实在忍不了,就教训教训他,但是不能打坏了!"

小傅点点头。

我接着说:"我想每节课都见到你,要是打坏了,我就会见不到你了。答应老师,遇到那样的事,试着忍让一下,那样做,我会觉得你是真的长大了,更像一个男子汉,试一试好吗?"

小傅用从未有过的眼神认真看着我,"嗯,老师,我知道了!"

这个孩子离开之后,我的心绪久久不能平复!想起他说不疼时的样子,我真的很疼惜!这个孩子,用多么顽强的生命力,去独自面对批评、指责、打骂!他其实只是渴望有人看到,他也有渴望美好的一面!

之前,他们班的孩子打伤了高一的孩子,对方脸部受了伤。就在昨天,他们班的孩子打伤了初一的学生,使得对方住院。可是,谁又知道,这些孩子为什么会那么做呢。

每每遇到淘气的孩子,我会告诉他们,不论你多淘气,在我心中,你都是可爱的!

如果我们的课堂能够让爱流动,就像林老师说过的——治疗师自己就是一帖药,老师也能成为学生成长中的一份养料,帮助孩子们长成自己的样子——多美好!

林老师说,关注孩子的好行为,多认可,坏行为会自然而然地消失。慢慢地我才了解，那是因为关注孩子的时候，他感受到了爱，感受到了你的信任，他愿意展示自己最美好的一面，慢慢地他自己已经不能够接受自己的不好，他愿意成长为你心中的那个样子！

林老师还说，所有的改变都要回归到行为，都要做一致性表达。那小小的改变是因为心里有了感受，捕捉到，看到，并表达出来，孩子就会无比愉悦。我相信，这份愉悦至少在几天之内都会留在他的心中，因为这份愉悦，孩子才有了宽容的力量！

我学习萨提亚到今天，都无法用语言来形容她的美好，就像温暖的阳光融化在生命中，时时让我感受到自己的变化和不同。退去那份固执和那份不容，剩下的是爱，爱自己，爱别人；不会成为拯救者，只是尽自己所能幸福地去做；不会疲惫不堪地追求完美，但会尽力做到最好；最最重要的是，对自己多了一份宽容！这种感觉让我很幸福！也让我的学生感到很幸福！10个班的孩子，每一个都在我心里，几百份的美好都放在我心里。

我很享受与那些可爱的，又会时时犯点小错误的孩子相处，想起林老师在课堂中看我们的眼神，好像也是这样的呢！这让我有种亲近大师的感觉，哈哈，好快乐！

难道这就是林老师说的：**从内心深处欣赏每一个生命的独特！**豁然开朗！

谢谢我的学生们，让我，一个平凡的小老师，如此享受，如此快乐！

谢谢我的文采老师，带我走进萨提亚温暖的世界，让我的生命从此向着幸福出发！

我不想，也不能去改变什么，只想带给我的孩子们一份温暖和美好，不论他们行多远的路，都会想起，曾经有一位小老师，如此地坚信他是够好的，就足够了！

落笔至此，真想说，教育无小事，请珍爱每一个孩子的灵魂，又想起林老师说的一句话：你能够如此深刻地影响一个人，这多么难得！

林文采老师点评：

一、这篇文章比较特别的是，作者不是父母，而是老师。我曾经做过很多青少年的个案，我也亲自养大4个青少年。说实话，我就没有见过什么叛逆青少年。反之，我发现，青少年是多么地渴望能得到父母和老师的喜爱啊。但是，当他们发现自己做不到，又不知道该怎么做时，就会变得愤怒、歇斯底里。我有一个学生，听了我说的这句话很不以为然，但是他尝试用这样的眼光去看他的青少年案主的时候，他亲口告诉我：老师，原来你说的是真的，世上原本没有叛逆青少年，你信任他，爱他，他就愿意把最好的那一面展示给你看。

二、对青少年，我们可以做什么呢？一定要先表达我们的爱和欣赏。大家可以看看作者是怎样和这些不认识的青少年说话的。重要的是，告诉自己的身体：这些孩子很可爱，很有个性，很仗义。如果你带着偏见看孩子，孩子就不愿意听话了，身体会散发出敌意和冷漠，青少年很容易分辨出来。

三、当我们教导青少年时，我们怎么和青少年说话呢？答案就是：多提问，少建议。一般成人提建议的时候，往往说你应该……你必须…… 这些对青少年来说，就是埋怨和指责，那么我们怎么提问呢？可以用GROW（成长）模式：

1. G-目标（Goal）：

孩子，你想做什么？

孩子，你这样说的意思，是希望我能帮你吗？

孩子，你这样做有什么好处？

2. R-真实情况（Reality）：

这样做的结果，你猜会怎样？

老师真的会打你吗？

你认为爸爸会怎么做呢？

你这样说了后，同学会有什么反应呢？

3. O-选择（Option)：

除了这样做，你还可以做什么呢？

如果你不是这样说的，你可以说得更好的话，你会怎么说？

你可以从哪里获得帮助呢？

4. W-意愿（Will）：

你有多想获得这个呢？

你会为这个目标付出什么努力？

如果真的成功了，你的感觉是怎样的？

我想知道这件事情对你的意义是什么？

四、除了怎么对青少年提问，作为教导，我也把我编辑过的肯定、赞美孩子的90个句子，发出来让老师、父母们作参考。

1. 你愿意帮助弱小的同学，真像个大侠。

2. 能够承担责任，了不起。

3. 这是个好主意，你怎么想到的？

4. 你竟然在我说之前就做好了，真是太好了。

5. 先说说你的想法，我很有兴趣。

6. 你可以选择，我会考虑。

7. 我因为你增加了很多快乐。

8. 这个事情，我认为你做得对。

9. 你帮了我一个大忙。

10. 好啊，你愿意这样做，我很开心。

11. 你要记得，人非圣贤，孰能无过？我原谅你。

12. 我喜欢你现在的样子。

13. 我相信你。

14. 这真是杰作，你怎么想到的？

15. 这作品真是太奇妙了，亏你能做出来。

16. 你进步真快，超过了我的想象。

17. 你的笑话，让我哈哈大笑。

18. 这事做得不错。

19. 你真的很能干，做得又好又快。

20. 你做的事情感动我了。

21. 别急，一定可以做到的，慢慢一步步来。

22. 你真的长大了，我看到了你的沉稳。

23. 你很有天赋，能够把感受表达得这么恰当。

24. 这个作品是你做的？太不可思议了。

25. 你是一个聪明的孩子，知道什么该做什么不该做。

26. 你要记得，妈妈永远爱你。

27. 你可以尝试一下，错了也不要紧。

28. 你可以犯错，知错能改，善莫大焉。

29. 可以再试一次，不要急，妈妈可以等。

30. 你是个好孩子，真的很善良。

31. 你学得真快，超过了我的要求。

32. 你很有行动力，想明白就去做了。

33. 一面怕，一面做。

34. 去做你想做的。

35. 我允许你去做，去吧。

36. 你是一个勇敢的孩子。

37. 我真的很喜欢你，你很贴心。

38. 你做得很出色，100个赞。

39. 你可以和别人不一样，做你认为对的事。

40. 不伤害他人，不伤害自己，其他的放手去做。

41. 你可以去赢，我们比赛不是为了输的。

42. 你有领导潜质，因为你有主见和毅力。

43. 好极了，我赞成。

44. 这真是一件令人愉快的事。

45. 你尽管去做好了。

46. 你对我很重要。

47. Give me five（互相击掌）。

48. 好（竖起大拇指）。

49. 你有什么主意？说来听听。

50. 你不需要十全十美。

51. 你是对的。

52. 你是怎么想的？告诉我。

53. 你做得漂亮极了。

54. 你真让我自豪。

55. 你这样说，我听了真高兴。

56. 你的看法有道理。

57. 我是不是忽略你了？
58. 真高兴你有如此的表现。
59. 这个蛋糕怎么做的？教教我。
60. 你的阅读能力很好。
61. 你每天都有一点进步。
62. 你有做好事情的决心。
63. 我要向你学习怎么用这个电脑软件。
64. 你能反思，愿意改变，真好。
65. 你真的可爱。
66. 这事情处理得很正确。
67. 你尽力了就行。
68. 对了，就是这么做的。
69. 真高兴，你这么快就想出来了。
70. 你可以生气。
71. 你不需要完美。
72. 你今天的演讲真生动。
73. 超过自己就是最大的进步。
74. 你今天做得比以前好。
75. 你是个意志坚强的孩子。
76. 你今天做了不少事啊。
77. 你很负责任。
78. 你真学到了不少东西嘛。

79. 你是妈妈的骄傲。

80. 我相信你可以自己处理,如果需要我帮忙就告诉我。

81. 你可以为自己做选择。

82. 我也有错。

83. 我看到了你的努力。

84. 我想你现在已经学会了。

85. 我永远支持你。

86. 我真高兴有你这样的孩子。

87. 你一定会成为你想成为的人。

88. 如果你需要帮助,记得我就在这里。

89. 你有冒险精神。

90. 孩子,去吧。

幼教的实践记录

戴佳琦

> 不遵守规则、刻意搞怪、极度缺乏安全感、总尿裤子、设置安静区域、不打不骂、不讲道理、不走开

我是来自马来西亚的学员。自从2018年上了文采老师的专业证书课程后，学习了心理营养，至今已近两年了。在此之前，我刚从心理学专业本科毕业，在学习的过程中，接触过很多不同的理论。但文采老师提出的心理营养，着实让我震惊。

几乎每一次去上课，我心里都在惊奇，"竟然就是这样而已吗？"而事实一再地告诉自己，"没错！确实就是这样而已！" 就像植物需要阳光、空气、雨水那么简单，并没有多么的复杂。但这份简单的心理营养里所蕴含的力量，让我吃惊，甚至让我至今偶尔都难以置信！

我最大的领悟就是，身为人类的我是多么的幸运，可以

不用坐以待毙。我可以自己给自己阳光、空气和水，让自己的生命之花，不用依赖外力也能绽放。虽然我还没有自己的家庭，但我也发现，学习和运用心理营养，减少了我很多关于未来养育孩子方面的压力和焦虑。我也认为，心理营养完全就是人类在心理层面的福音！看似简单，因为种种原因，我发现要对自己做的时候着实不容易。但对孩子做，确实就轻易得多了。

我当了近两年的幼教，接触了2.5—3岁的孩子一年，5岁的孩子半年多，这期间也有机会与4岁、6岁的孩子互动。虽然对他们做心理营养的时间不长，但确确实实看到了一些细微的转变。

有两个近3岁的孩子，为了得到重视，有了较偏差的行为：刻意不遵守规则、刻意搞怪，以及在不合适的时候大笑、玩闹。我为班上制定的规则是，若不守纪律，老师会口头警告，两次警告过后再犯，孩子就必须停止活动，到一个"安静区域"去反省。当我用这个方式去应对的时候，孩子的情况没有好转，反倒变本加厉了。之后，我试着完全无视孩子的偏差行为，不给予惩罚，只在他们做得对的时候给予注意力（称赞）。但这时候，孩子就会把目标转向其他孩子，在不恰当的时候对着他们搞怪玩闹。其他孩子，因为觉得好玩有趣，自然地给予回应，甚至还模仿了起来。

最后，我试着用回之前的方式，两个警告后就带不守纪律的孩子去安静区域。在给予警告的时候,不看着孩子,以减少那时候给他们的关注,同时又能让全部孩子知道这个行为是不被老师所接受的。带他们到安静区域的时候,在过程中不看着孩子,只是牵着孩子的手,温和地带他们到一边,让他们感受到无条件接纳的同时,也尽量降低这时候给他的注意力。当他们在安全区域刻意做出偏差行为的时候,在没有危险的情况下,我一点注意力也不给他们,连眼神和警告也不给。时间到了的时候,我就过去握着他们的手,看着他们的眼睛,温和地和他们说时间到了,也和他们说刚刚那样的行为是老师不喜欢的,并提醒他们要怎么样才会得到老师的注意。当他们回到大家身边的时候,但凡有一些值得表扬的,比起之前简单的口头表扬,这一次我会加上非语言的表扬:点头微笑、击掌,让孩子跳起来击掌。这一次的口头称赞也加上"哇"。

在孩子自由玩乐的时间,我也增加了对这两个孩子的陪伴。这么做过了一个多月,有一个孩子的偏差行为就出现得不那么频密了。到最后,几乎是很久才有一次,我发现都是在班上较少给予他正面关注的时候。当然,我想也是和他家里的情况有关系。但另一个孩子的情况就比较反复,特别是在和其他老师相处的时候,她完全回到那个行为偏差的模式里,因为在那些时候,其他老师都会以哄和诱导的方式来应对。

这个情况反复的孩子，在吃午饭的时候总是耗费我们很多的精力。一开始，另一位老师负责照看她吃午饭。这一位老师用的是威逼利诱的方式，对她总是哄得比较多。这个方式孩子很受用，但是会耗费很多时间和心力，而且孩子也总是要老师喂才肯吃。吃个午饭，就像打了场拉锯战那样累人。后来，我负责照看这个孩子吃午饭，我不哄着她吃，想让她自己完成任务。这时候，孩子就特别闹了，比如丢餐具、推开碗碟、玩食物，尤其喜欢离开座位到处乱跑。

此后，我尝试的应对方式是：无视孩子的这些行为，让她承担这些行为的后果。比如说，把餐具丢到地上，就没得用了，食物打翻了，就没得吃了，到处乱跑或者玩食物，倘若时间到了，食物就会被收走。同时，也在她坐在位子上自己吃饭的时候，大大地给她注意力和肯定，语言和非语言方式一起使用。这种方式偶尔有效，偶尔无效。现在回想起来，我想其中的关键点是重视。我发现，当上课的时候给这个孩子多一点单独陪玩的时间，她在吃饭的时候便没那么闹了，甚至很愿意好好配合。

此外，在她离开位子的时候，我不去强行把她带回来。因为她当时处在"可怕的2岁"这个阶段，我发现，当我强硬地带她回来时，我们就会陷入更痛苦的较量之中。所以，我用了计时的方式，孩子离开座位多久，午饭后就必须到安静区域去坐同等的时间，然后才能去玩玩具。让她自主地决定要几时回到座位上，时间一久，我发现这孩子开始有了时间的大致概念。这个方式一施行，孩子离开座位的时间就缩短了很多。但情况还是有所反复，我想，症结都在被重视那一块，毕竟在学校里，能给到孩子的一对一的专注时间真的不多。

有一个3岁的孩子，极度缺乏安全感。早上，十有八九是哭着来上课的。我发现，在她面前只要有些许的不温和，即使这个不温和不是对着她，她都会开始害怕、哭泣。刚开学的时候，这个女孩几乎可以哭上一整天，直到放学回家。即使没有哭泣的时候，她也不想参与游戏和手工，有新活动的时候也不敢尝试。我一开始对女孩做的，就是让她成为一个安全的人。

在她哭泣和不愿参与的时候，不焦虑，也不批评她、羞辱她，让她自己去选择要不要参与活动和游戏，并在她抗拒的情况下，温和且坚持地带着她去做她所能做到的事，比如穿鞋子。这么做不到一个星期后，她每次来学校的时候，就会黏着我了。我想，我成了她的过渡性重要他人。在这个阶段，早上上学的时候，虽然她仍旧会哭泣，但我过去接她，她就比较愿意进来了。过后的十多分钟，她几乎要一直和我在一起。

那时，我努力做到在她要求的时候，就留在她的身边，在她要抱抱的时候，就抱一抱她。我发现这样做过后，她的情绪确实稳定多了，也渐渐地能够参与到活动里。但若她的需要被无视，她则会开始不安，甚至是哭泣，也不愿意参与活动。两三个月后，女孩早上来上学，即使大多数时候还是会哭泣，但她安定下来所花费的时间越来越短，也开始愿意参与活动。到年尾的时候，只需要5至10分钟，她就能安定下来，并且参与大家的活动。

在自由玩乐的时间，这孩子也从一开始不敢去和大家玩，到后来和小伙伴玩得放飞自我。在这个过程中，小女孩偶尔会跑过来要我抱一抱，那时候，我就给她一个拥抱。抱到她自己觉得足够了，她就会离开继续去玩。找我抱抱的行为，一天可以出现好几次，在她要的时候我就给。这样一来，我发现她的情绪基本上到放学的时候都很稳定。

有一个5岁的女孩，做错事的时候总不认错，但当知道自己真的做错了，就会暴哭。我再三确保自己在接触她的时候，是温和且不带情绪的，也确保自己是温柔地牵着她的手到安静区域去反省的，但她仍旧会哭得很崩溃。在她哭的时候，我让她知道，我看见和允许她伤心和害怕，并告诉她，因为是在班上的关系，她可以哭，但需要降低声量。渐渐地，她就平复下来了，即使偶尔还会啜泣。时间到了，我会拉着她的手和她说，老师还是喜欢她的，不喜欢的是她的行为。然后，再问她要不要抱一抱，然后带她回到位子上。大概过了有一两个月吧，女孩犯错的时候，虽然还是会哭，但不会那么崩溃了。一直到五六个月后，基本上只要我做到足够温和，女孩都不再有崩溃甚至哭泣的情况了。

另一个5岁的男孩，经常会不自觉地把尿或大便排在裤子上。一开始，他会告诉老师。到后来，他不说了，总是自己默默地处理，不愿告诉老师。在老师发现后，他都会从一开始的不得已承认，发展到最后选择说谎来应对。在这件事情上，我试过几种应对方式。到最后，我选择不去追根究底，不去证明他是故意为之还是控制不住，同时也避免在其他孩子面前说起这件事。当其他孩子看见了，我会有意识地让自己温和且坦然地和那些孩子说，这件事情我已经知道了，这个男孩正在很负责任地善后。有几次很累的时候，我会特别努力地控制自己的情绪，特别是不耐烦的情绪，确保自己是温和的，并陪着他一起去善后。每一次他善后结束，我都称赞他是一个负责任的孩子。渐渐地，虽然这孩子在事发时还是不会告诉其他老师，但如果我在，他会选择来告诉我，我再陪着他善后。

他在一开始善后的时候，很是嫌弃自己的尿和粪便，我认识到，他同时也在嫌弃这个做不好的自己。一开始，我手把手地教他怎么善后，并示范给他看，我能平静地面对他的屎尿和这个做不好的他，就像他在其他事情上做不好时一样，并不会嫌弃和觉得恶心。我也会和他讨论并示范给他看，要怎么检查才知道裤子和内裤已经洗干净了。我努力做到，让这个过程变得再平常不过。这么做了不到五次吧，在这个孩子再有把屎尿排到裤子上时，就不再表现出一开始的嫌弃和厌恶了。我也看到，他能比较坦然地去面对和善后了。

在其他时候，一有机会，我也给他做心理营养，同时做到三个不做。我发现，这孩子在我面前特别能够敞开自己，展现他活泼可爱的一面，也敢在我面前展示自己的软弱和不足，而非逞强。我们变得十分亲密，我感受到他和我在一起时，是十分安心且享受的。

在运用心理营养的过程中，我常常会一不小心就模糊了焦点。我经常看事不看人——要处理和解决事情，而非看到孩子的需要。所幸，心理营养这个概念一直在自己的头脑里，我很刻意地提醒自己，要从这个层面去看待孩子，才不至于时时都陷入处理事情的恶性循环里。而我发现，作为一个老师，要去给予孩子心理营养，基于对情景的考量，在实施的时候，是挺不容易拿捏的。往往因为时间的限制、作为老师必须要达成的任务、来自同事和上级的不理解和不认同，以及工作量及压力而身心疲惫，我在施行方面感到难度颇大。

我也有很惊喜的发现！我发现，自己常在无条件接纳孩子的过程中，把自己的往日幼童给接纳了回来。在这种时候，我常常忍不住流泪，而我知道那泪是为自己而流的。我在不知不觉中，也给自己做了模范。我常常借鉴自己是怎么对孩子三个不做、只做心理营养，并且温和而坚持的。这些都是我一直以来很难为自己做的，只有在给孩子做过之后，才慢慢学会往自己身上做，而做起来确实也让自己轻松了很多。

最后，我发现给孩子做心理营养，不只孩子会很开心快乐，我也会感受到愉悦。我想，这就是生命原来该有的模样吧！

林文采老师点评：

一、这又是一篇从老师的角度所写的分享，不过对象是幼儿。儿童专家都知道，要塑造儿童的品格，6岁之前是最关键的时期。如果孩子有偏差行为，就是伤害别人或伤害自己，包括语言和肢体，那么父母首先要做的，就是检查有什么心理营养我没有做好。我们希望父母常常记得：三个不做（不伤孩子自尊，不羞辱他，不焦虑），只做一个（心理营养）。只要能做到三个不做、只做一个，就几乎可治百病了。百病包括什么？我帮助过精神疾病的、忧郁症的、休学的、自闭的、偏差行为的、网瘾的等各种问题的孩子。只要父母可以做到三个不做、只做一个，一般在一年内就可以看到效果。

二、当然，本文还特别提出了一个教育孩子的方法，那就是一定要温和而坚持，也是之前我说过的，在3岁前为孩子立下界限，让孩子知道，大家生活在一起是必须有规则的，别人不一定能满足你的渴望。越温和，孩子就越不会哭闹，但是如果不坚持，孩子就学不会规则了。给予心理营养，是和孩子建立关系最有效的方法。关系建立好了，教育才可能做到位。

三、有一个建议，在安全的情境下可以实施。比如孩子大哭大闹，我们可以把孩子带到一个和他一对一的地方，然后告诉他：你现在情绪不好，如果你要哭，可以哭（给他选择），你可以自己决定要哭多久，等你安静了，我们再谈谈。但是你要求的某某事，是不可以的。

四、然后，我们走到一个孩子可以看到我们的地方等他安静。等他安静了，我们可以表达一点爱，拿一块温热的毛巾给他擦一擦脸。如果他又哭了，我们再重复一次，直到他完全安静。恩威并重，是教养孩子很重要的原则。总结起来，立界限有4个步骤：

1. 不打（不示范以大欺小）。
2. 不骂（因为没用）。
3. 不在此时讲道理（孩子有情绪，听不进去）。
4. 不走开（不是抛弃孩子、不喜欢孩子）。

在这个过程中，当孩子安静时，可以抱抱他，给他擦擦脸，等他完全安静了，就要给他讲道理了。一般来说，孩子平静了，道理就能听进去。没有良好的关系，是没法教导孩子的。

第二个春天

莫其妙

> 愤怒的母亲、对抗的女儿、忧郁型的特点、发现孩子的闪光点、接纳失败、自闭症倾向的侄子、父母离异对侄女的影响、爱的表达

一个女人的学习、成长和改变,可以带动整个家庭的改变,甚至可以影响三代人!一点儿不假!

这是一份真实的分享记录,主要讲述因为我的学习、改变,带给我的孩子和侄子(3岁时被诊断为自闭症倾向)、侄女的变化。

2015年5月,我带着对10岁女儿教养的极度挫败感,带着全身焦虑的细胞,带着一颗爱得面目全非的心,走进了林老师的亲子课堂。当时只有一个目的,我必须找到一个出口,改变这种状况,否则,生不如死!

在我的记忆里,女儿10岁前,没有哪天不挨打不挨骂。

我曾经是那么爱她，视她为珍宝，慢慢地，好像一切都变了。她每天都会让我抓狂，学习常常半途而废，作业屡教不改，肤浅、脆弱……

我的轻言细语根本不顶用！她每次都直击我的底线！我就是这样一步步走火入魔的。女儿在我的尖酸刻薄、指责批评、惩罚和绝望中，倔强地生存着，她小学阶段的QQ签名是，"哪怕遍体鳞伤，也要活得漂亮！"以此与我抗衡……

上完林老师第一天的课，我就顿悟了：是我出问题了！得赶紧治！

一、学会了"认识"自己

要解决与孩子的问题，首先得搞明白，"我"是一个怎样的人？我到底想要做什么？我渴望得到什么……过去的35年，我好像把一切都搞砸了，自己也无比受伤，我对自己近乎完美地苛求。没有人能理解我的悲凉和忧伤。身边的人都只看见我的敏感、挑剔和暴躁……他们都说我"身在福中不知福"，没有谁知道，我生气、愤怒背后的伤心和无助。好累……苦闷得求生不得、求死不能！

现在再回想当年，孩子、老公在我那样令人窒息的高压下，忍辱负重那么多年，不离不弃，真是不容易。后来，我看到很多孩子跳楼自杀的报道，我认识到，我的行径比那些父母可能有过之无不及。所以，我曾无数次感谢跪拜上苍，女儿没有被我折磨到跳楼自杀，老公也没有被逼得离家出轨。我以为是我的虔诚、悔恨、自责、愧疚的眼泪感动了上苍，所以上苍饶恕了我，也解救了我女儿和我的家庭。

接触林老师亲子课的第一天，其实我就顿悟了。可是，曾经无数次对孩子的伤害都历历在目，一想起来，眼泪就抑制不住，心也在滴血，无法原谅自己曾经对女儿做过的种种伤害。忧郁型人格，那种刻骨铭心、深入骨髓的痛，让我很难从内疚自责里爬出来。学习之前，我不知道忧郁型人格是这样的特征，只知道自己很难感受到快乐和幸福。

正是因为老师的那句话，"一个愿意学习、有勇气成长改变的妈妈，任何人都没有权力指责她！"直击人心，温暖而有力量，让我不再去纠结曾经的过错，而把重点放在：现在我可以为此做些什么？我可以让情况越来越好！

这种转变，从根本上扭转了我的消极和悲观！要问我为何转变得这么利索？《心理营养》书上说（老师音频、视频课程更为直观），追求灵性和注重精神品质，愿意把大把时间花在实现价值感上，这是忧郁型人格的特点，他们在这方面天赋是最高的。他们能打开身体所有感官，用生命抒发情感。忧郁型的人通过学习，可以把生命里所有优点和最美好的部分，全部展现出来。他们追求真善美，追求爱和联结。这说的不就是我吗？原来我还有这一面，何其激动！请问，还有谁能如此懂得和欣赏忧郁型的人呢？

二、为11岁女儿，践行心理营养

践行过程是艰难的，痛楚的。很多人害怕改变，因为改变比不改变可能更痛！林老师的心理营养：三个不做、只做一个！刚刚开始的一两年，何其难！要打破原有的惯性思维模式，重建一套新的模式，已经很不容易，而且面对的是一个11岁的"叛逆"的女儿。她根本、完全不买你的账，无数次地抨击："做作，别扭，非常不自然……你还是变回以前的样子吧，哪怕天天打我……"那种挫败和伤心，有时真的让人感觉力不从心。

我把自己打碎得血肉模糊，老公、女儿都不理解，觉得我人格分裂，前后反差太大，吓人。即使面对这样的质疑和压力，我知道自己对女儿的爱是真的！是深沉而坚定的！对老师的心理营养是无比确信的！所以，我坚持下来了！尽管常常会控制不住心里的恶魔，愤怒抑制不住地爆发。

以前，爆发的频率是一天一次或几次。现在，每发生一次，我就画两座冰山，觉察一次。慢慢地，爆发减少到一周几次，再后来是几周一次……这种磨难，除了有相同经历的人能产生共鸣，其他的人恐怕就只有老师知道这个涅槃过程的痛了。

林老师教会我们用效果来验证，"一边痛，一边做，一边怕，一边做，只要呈现出的结果有积极的部分，就说明有效，就继续做！"那时，虽然我和女儿依旧是话不投机半句多，没说两句就开始吵，但孩子有很多事开始愿意告诉我了，这就是积极的效果！而我有个强烈的心理暗示，在女儿12岁前，我自己必须要调整过来。因为我知道，我的成长跟不上孩子的成长变化。孩子年龄越大，我要付出的心血和时间会越多，难度会越大。

2015年8月，我刚好参加完一个演讲班，以及林老师15天的专业课，正值暑假，我想给女儿单独的重视时间，就和她一起参加了衡阳的一个7天的亲子公益夏令营。没想到，这次活动成了我华丽变身的一次机会。曾经那个冷眼看世界、不屑参加任何活动的我，在最后3天的缝隙时间，突破了自己，一边怕，一边做，居然带领同寝室里12位素不相识的妈妈，团体排练了一个压轴的节目。我把所有在课上吸收的能量，运用在这个团队里，在几天的时间里，大家建立了非常深厚的联结，节目取得了非同一般的效果。

36年来，我只活出一面，还是自己非常讨厌的样子。但这次发现，让我实实在在地感受到了自己的生命还有无限潜能。这给了我很多能量，我的生命之花慢慢打开……与此同时，我还拥有了一双慧眼，我第一次发现，原来女儿身上有那么多闪光的地方，100多个孩子中，40公里徒步，她第一；每次上台分享，她都冲在前面，还带动我一起给台下200多个人分享感受。

我一次次被孩子感动。最后一天，孩子一边帮我洗脚，一边流着泪对我说，"妈妈，您再也不要对我说对不起了，以前都是我任性，不懂事，让您操心受累了。妈妈，我爱您，就像你深爱着我一样。妈妈，我一直以您和爸爸为荣，回去后我要好好读书，向你们学习！"

2017年9月，进入初一后，她自告奋勇当班长，后来，初中、高中几年一直是班上和学校的团支书。

我这样的妈妈，在其他众多妈妈眼里无疑是另类的。但我非常清楚，我的重心在如何疏导孩子情绪和建立和谐的亲子关系上。因为我相信林老师说的，一个孩子内心里面没有情绪的堆积，没有内耗，妈妈的情绪稳定，父母的关系和谐，她成绩一定差不到哪里去！

从焦虑、不安、期待满满的状态中，我开始学会做一个安全的妈妈，一个安全的妻子，建立了一种安全的亲子关系、夫妻关系。

在这三年里，我没有像大多数焦虑的妈妈那样，把我的喜怒情绪的遥控器放在孩子的成绩单上。我深深懂得女儿的需求，那三年，我就是充当女儿的情绪垃圾桶。那段时间，是我最难熬的岁月。无数个夜里，我抱着熟睡的女儿痛哭，哭完，继续迎接第二天的朝阳。

给女儿做了三年的心理营养，虽然遵守了老师说的三个不做、只做一个，但我的真实情况是，一个只做的做了，三个不做的也做了。所以，孩子的状态也会有起伏。

真正的考验时刻在中考，孩子没有如愿考上她理想的四大名校高中。原本想做黑马，结果却是前所未有的失败打击，成绩是2A4B。我们全蒙了！对我们的考验又来了！三个不做、只做一个！当孩子考学失败时，当孩子没能满足我的期待时，我能不能无条件接纳她？

等到成绩出来的那天，我能够感受到女儿的难过和悲伤。我和她爸爸那三天话比较少，除了安抚和鼓励，其他时间就是默默地陪着她到处去找学校、找招生老师想办法……我不知道，这个过程孩子内心感受到了什么。

到了高中，女儿仿佛变了一个人！一头栽进学习中，成了年级学霸，小宇宙真正爆发了。用她自己的话说，"读书真让人快乐！我很享受学习带来的快乐和价值。"高二期中考试后，她作为优秀学生代表在全校表彰大会上演讲，分享学习方法，帮助同学提升学习动力，并被长沙重点新闻网站转发。

我不禁惊叹，用心理营养养育孩子，只需静待花开！正如林老师所说，"乐天型的孩子，一旦能沉下来钻研学习，成绩上去了，她就真正学会了为自己负责，这是一件非常值得恭喜的事！"

学习之余，女儿比任何时候都珍惜和家人们在一起的时光，她想陪伴家人一起去经历更多的诗和远方。她说，"幸亏妈妈学了萨提亚，听了林文采老师的课，让我们整个家庭氛围特别温暖有爱，这是我不断前进的支持与动力。那些想不通、跳楼的孩子，一定是没有感受到家的温暖，他们感受不到被爱和幸福，更不觉得生命有意义和价值……"女儿的精彩人生，未来可期！

三、亲妹妹以及她的两个孩子

妹妹2004年由于车祸，导致高位截瘫，后来结婚生下两个孩子，3年后离异，带着两个孩子和爸爸妈妈住一起，孩子主要由二老带养，小侄子3岁多还不爱说话，不和人交流。

2016年上半年，小侄子被儿童医院诊断为自闭症倾向。爸妈和妹妹吓得不轻，顿时慌了神。在这样的情况下，我坚持每周末回父母家陪伴侄子。其实6岁的侄女早已出现一些偏差行为，但还不足以引起家人的关注。周末，我常常会带着几个小朋友玩各种游戏，郊区有广阔天地，跋山涉水，孩子们不亦乐乎。当孩子发生冲突时，我就"温和而坚定"地定规则、立界限。

当家人或者周围邻居无意识地逗弄或开玩笑地恐吓孩子时，比如你不打招呼，就不喜欢你了；不打招呼，你爸爸就不要你了；不听话，就把你关黑屋子里去；不听话，就挨打……我会及时、严肃地制止，也认真地告诉爸妈和妹妹，这些看似开玩笑的语言，会给孩子带来哪些看不见的伤害。如果成人在乎面子，那孩子就得承担这些后果。就是用这样的方式，我一点一滴做给爸妈和妹妹看。同时，我也做了大量的欣赏和肯定，拥抱孩子，向孩子表达爱，和孩子有很多的肢体的联结，让孩子感受到被爱和温暖。

这样下来，几周的时间，变化最大的是我侄女，即6岁的姐姐。她曾经是个压抑、委屈，习惯打岔、讨好的孩子。以前，她从来不敢提爸爸去哪儿了，她知道家里人忌讳这个话题。可是，孩子心里有无数个为什么。有一天晚上，侄女一定要求我给她洗澡。单独相处时，孩子就把这个话题小心翼翼地抛出来，她怕她的话引起大人的不开心。我非常平和地回答侄女，"宝贝，你是有爸爸的！你要知道你是你爸爸妈妈相爱的结晶，你一出生就是一个胜利者。"然后又讲到绘本《小威向前冲》，并解释说，现在爸爸妈妈两个人不相爱了，所以分开住，但这一点儿也不影响他们两个对你的爱。我明显地感觉到孩子松了一口气，那颗在外漂浮的心又收回到自己的身上了。

有一次，在饭桌上，外公又因姐弟俩之间的小事情大骂姐姐，姐姐气急了。我第一次看到姐姐生气地说，"外公，我不喜欢你这样凶地和我说话，我很难过，也很害怕！外公，我感觉你就是喜欢弟弟，老是骂我、凶我，是弟弟的错也骂我。我不愿意！不愿意！"看到孩子敢于表达出自己的情绪，我既心疼，又欣慰！

我没有指导他们怎么带孩子，就是一点一滴做给他们看。现在，妹妹也能放下对两个孩子学习的焦虑，把剩余时间投入到残联工作中。作为天心区残联专职委员，她把爱和温暖也给到了村里的每一位残疾人，被大家称为"张海迪式"的好人。她的优秀事迹也被载入了《湖南日报》。妹妹成了两个孩子的榜样，也实现了自我的价值。

爸妈眼见着两个孩子的变化，看到妹妹也有了自己稳定的工作，以及来自区残联领导的关心和重视，爸妈也在不知不觉中发生了微妙的变化。爸爸几乎很少大声呵斥孩子了。当孩子们在专心玩玩具或看书时，他会刻意放低自己的声音；也不再随意拿他们逗乐、开玩笑；孩子们说话时，他也能够耐着性子听他们一字一句地说完。曾经像阎王爷一样的爸爸，现在脸上的皱纹越来越舒展了，家里的整个环境，也轻松缓和了很多。

四、我的第二个春天

经过3年的学习运用，我重新认识了自己，定位了自己，实现了自己的梦想，创办了一所新教育理念的幼儿园。从多愁善感、郁郁寡欢，到自己创办新教育理念的幼儿园，一路艰辛，我却总能满怀欣喜。

我把林老师教的方法，运用到幼儿园的师资培训中，把林老师所传授的心理营养做给幼儿园里的每一个孩子，尤其是那些已经有明显偏差行为的孩子，效果立竿见影。我也做父母课堂，专门讲解心理营养在家庭中的运用和实践，实现真正的家园同频共育。

学无止境，我坚持不断地把林老师的心理营养学深吃透。功到自然成！心理营养，让孩子的童年不再缺失爱。孩子可以按照他内在的精神胚胎的天性，成长为独一无二的自己。让孩子从小建构完整的人格，这是父母能给孩子最负责任的爱。

我希望把我的真实经历分享给更多人，让更多人看到，只要不放弃，只要肯学习，则一切皆有可能。我在自己身上、在11岁的女儿身上、在年幼的侄儿侄女身上，以及在我们幼儿园30多个2.5岁至6岁孩子身上看到，林老师的心理营养理论取得了令人欣喜的效果和反馈。不管是对于为人父母者，还是幼教老师来说，教育的本质，就是带着觉察，唤醒爱！

因为有林老师领路，不用害怕，不必担心孤单。再大的痛苦，有我们能懂；再甜蜜的幸福，有大家分享。

林文采老师点评：

一、本文已经是本书的最后一篇了。我很赞成作者所说的，改变不难。我尽量把我看到的，我懂的，我运用过很多次、觉得简单有效的方法，通过文字教会有需要的父母。但是，我也必须承认：改变是可能的，但改变也是困难的。你要去做很多你之前没有做过的事情，说很多你难于出口的话，把你整个态度都改变过来。甚至，你要先努力去改变自己，直面你自己的伤痛才行。

二、你要记得，在改变的过程中，常常会有反复，孩子进三步，退两步半，让你害怕。但是你要记得，孩子变成今天的样子，也是很多年的经历造成的。你要重新塑造他，肯定需要时间。幸好，一般不会超过3年，我们就能享受美好的果实了。至于是否有效，你要去看看结果。实践是检验真理的唯一标准，从成效看就能知道你是否做对了。

感谢你看完这本书，希望对你有帮助，这是我唯一的心愿。